U0134078

无界画师

Midjourney

极／简／入／门

卢广京　著

电子工業出版社

Publishing House of Electronics Industry

北京·BEIJING

内容简介

本书分为三章：妙笔神来——Midjourney 绘画入门，星海探秘——Midjourney 绘画进阶，金戈入梦——Midjourney 绘画实战。第一章学习 Midjourney 绘画的基本指令和参数；第二章学习人物角色一致性的控制技巧和摄影作品的创作方法；第三章介绍 Midjourney 在 Logo 设计、动漫及游戏角色设计和产品工业设计中的具体实践流程、方法和技巧。

本书可以帮助读者快速地从"小白"升级为 AI 绘画高手，适用于渴望用绘画和图像来表达自己思想的读者、在职场上需要提高图片制作效率和质量的白领、美术设计从业人员和 AI 绘画爱好者。

未经许可，不得以任何方式复制或抄袭本书之部分或全部内容。

版权所有，侵权必究。

图书在版编目（CIP）数据

无界画师：Midjourney极简入门 / 卢广京著. —北京：电子工业出版社，2024.1
（科技启智）
ISBN 978-7-121-46764-6

Ⅰ.①无… Ⅱ.①卢… Ⅲ.①图像处理软件 Ⅳ.①TP391.413

中国国家版本馆CIP数据核字（2023）第227048号

责任编辑：毕军志
印　　刷：北京盛通印刷股份有限公司
装　　订：北京盛通印刷股份有限公司
出版发行：电子工业出版社
　　　　　北京市海淀区万寿路173信箱　　邮编：100036
开　　本：880×1230　1/20　印张：12.5　字数：350 千字
版　　次：2024 年 1 月第 1 版
印　　次：2024 年 1 月第 1 次印刷
定　　价：88.00 元

凡所购买电子工业出版社图书有缺损问题，请向购买书店调换。若书店售缺，请与本社发行部联系，联系及邮购电话：（010）88254888，88258888。

质量投诉请发邮件至 zlts@phei.com.cn，盗版侵权举报请发邮件至 dbqq@phei.com.cn。

本书咨询联系方式：（010）88254416。

100 万年前，人类驾驭了火，进入了地球食物链的顶端；

1 万年前，人类驯化了小麦，开启了农业文明；

300 年前，人类发明了蒸汽机，开启了工业文明；

2023 年，人类拥有了生成式 AI，进入了智能时代。

打开 AI 这扇窗，是一个波澜壮阔的智能世界。

想做自媒体但不会写文案，ChatGPT 可以帮你写文案；想做网页但不会编程，ChatGPT 可以帮你写代码；想做海报却没有美工设计师，Midjourney 可以帮你完成酷炫的思想表达。

Midjourney 是 Midjourney 研究实验室开发的人工智能绘画机器人，目前其架设在类似 QQ 群和微信群的 Discord 聊天服务器上。在 Discord 聊天服务器中给 Midjourney 发送英文提示词等指令，Midjourney 就可以基于这些英文提示词，创作出意境接近的图片。

在本书中，多数英文提示词不是符合英语语法的完整句子，而是由英文单词或短语组成的，但这并不影响 Midjourney 的使用。技术上的便捷拓宽了 Midjourney 的应用领域，例如，绘画艺术创作、摄影艺术创作、游戏及动漫设计、产品概念设计、包装设计、广告海报设计、Logo 标志设计、建筑设计、室内设计、园林设计等。

Midjourney 囊括了数千种绘画、摄影和设计的艺术风格，这些艺术风格源自世界各大艺术流派和各国著名的画家、摄影师、电影制片人、时尚设计师、建筑设计师、雕塑艺术家、插画家、版画家，等等。因此，它能够非常高效地创作各种令人拍案惊奇的艺术风格的图片。

对于普通人来说，由于技术壁垒或资源限制，很多职业的准入门槛较高，现在 AI 打破了这个壁垒。以前一个团队才能完成的任务，现在一个人借助 AI 就能够完成！

作为一名科技教育工作者，笔者有幸站在 2023 年——人工智能元年这一时间节点上，总结了 AI 绘画的实践心得，并结合多年的教学和教研经验，编写了这本书，旨在帮助读者快速掌握 AI 绘画的技能，大幅提高自己的学习效率和工作效率，增强职场的竞争力。

本书共 24 讲，300 多张图例，每张图例均配有中英文对照提示词，便于读者随时查阅，举一反三；24 讲教学视频可通过扫描二维码付费获取，便于读者更加直观地理解所学内容，迅速从一个 AI 绘画"小白"升级为无界画师。

在笔者写作和定稿的过程中，我的妻子王庆燕贡献了很多创作的思路和灵感，王雨卿博士提供了许多修改的意见和建议。在此一并感谢！

卢广京

目 录
CONTENTS

目 录
CONTENTS

第一章

妙笔神来——Midjourney 绘画入门

灵感，犹如璀璨的烟花，在闪现的那一刻令人雀跃、欣喜，想伸出双手拥它入怀，而它却转瞬即逝。

你是否也曾感同身受，也想让自己有足够的力量来承载有趣的灵魂？

那么，来吧，启封这支神来之笔，把脑海中那一瞬间的璀璨，镌刻在丹青中，无惧被时光模糊的颜色……

第一讲 绘画准备——Midjourney 的注册和操作界面

极速挑战

初识 Midjourney 和 Discord 软件的界面，做好 AI 绘画的准备工作。

技能升级

- ✓ 注册一个 Discord 账号
- ✓ 创建自己的聊天服务器
- ✓ 导入 Midjourney 机器人

分步解锁

第 1 步：注册一个 Discord 账号

（1）打开 Discord 官网网址：https://discord.com，如图 1-1-1 所示，单击右上角的"Login"按钮，弹出"欢迎回来"登录对话框。

图 1-1-1

（2）如图 1-1-2 所示，单击"登录"按钮下方的"注册"按钮，弹出"创建一个账号"对话框。

（3）按照填写要求依次填写电子邮件地址（可以使用新浪、QQ 等电子邮箱）、用户名、密码和出生日期，如图 1-1-3 所示。

图 1-1-2

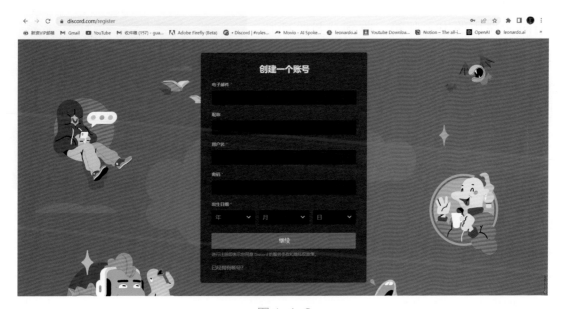

图 1-1-3

（4）单击"继续"按钮，弹出人机验证对话框，框选"我是人类"，如图 1-1-4 所示，按照要求依次单击图片，如图 1-1-5 所示。

图 1-1-4

图 1-1-5

（5）单击"下一个"按钮，进入登录界面。登录注册时所使用的电子邮箱，收到一封验证邮件：验证 Discord 的电子邮件地址，单击邮件中的"验证电子邮件地址"按钮，提示"电子邮件已验证通过"，如图 1-1-6 所示，此时 Discord 的账号注册就成功了！

第 2 步：在 Discord 中创建一个属于自己的聊天服务器

（1）Discord 账号注册成功后，会自动弹出如图 1-1-7 所示的对话框，在这里可以"创建您的首个 Discord 服务器"。

图 1-1-6

（2）执行"亲自创建"命令，弹出一个如图 1-1-8 所示的对话框，提示操作者"告诉我们更多关于您服务器的信息"。

（3）执行"仅供我和我的朋友使用"命令，弹出"自定义您的服务器"对话框，输入服务器的名称"豆豆服务器"，并上传一个代表"豆豆服务器"的图标，如图 1-1-9 所示。

图 1-1-7

图 1-1-8

（4）单击"创建"按钮，弹出"找人唠嗑"对话框，如图 1-1-10 所示，输入一个话题，例如，"绘画"，单击"完成"按钮。Discord 中属于自己的第一个聊天服务器——豆豆服务器就创建好了，如图 1-1-11 所示。

图 1-1-9

图 1-1-10

图 1-1-11

第 3 步：加入 Discord 的 Midjourney 官方服务器

（1）打开 Midjourney 官网（www.midjourney.com），如图 1-1-12 所示，单击右下方的"Join the Beta"按钮，Discord 中的 Midjourney 官方服务器会弹出一个对话框，邀请你加入该服务器。

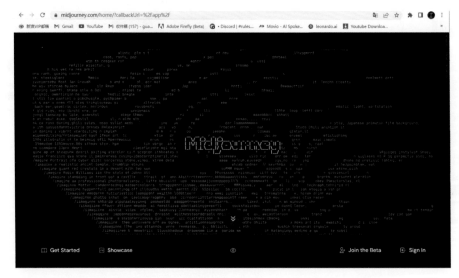

图 1-1-12

（2）单击"接受邀请"按钮，如图 1-1-13 所示，就加入到 Discord 的 Midjourney 官方服务器中了，如图 1-1-14 所示。

图 1-1-13

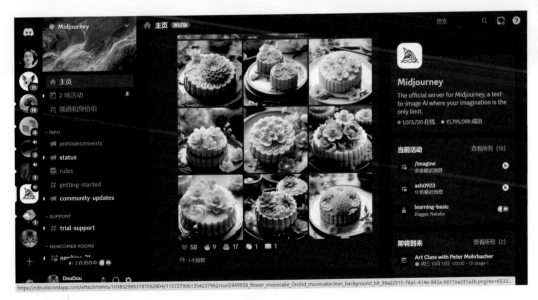

图 1-1-14

（3）也可以在 Discord 的"豆豆服务器"中，单击"探索可发现的服务器"按钮 ，如图 1-1-15 所示，输入"midjourney"，搜索到 Midjourney 的官方服务器后，直接加入即可。

图 1-1-15

第 4 步：导入 Midjourney 机器人

（1）在 Midjourney 服务器中，选中左边导航栏中的"announcements"，展示的界面如图 1-1-16 所示。

（2）单击右上方"显示/隐藏成员名单"图标，如图 1-1-17 所示，将隐藏的成员显示出来。单击右边成员栏中的"Midjourney Bot 机器人"图标，在弹出的对话框中，单击"添加至服务器"按钮，如图 1-1-18 所示。

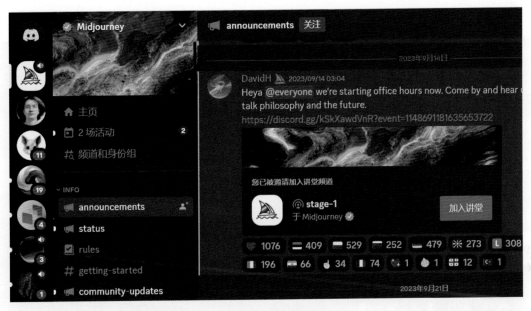

图 1-1-16

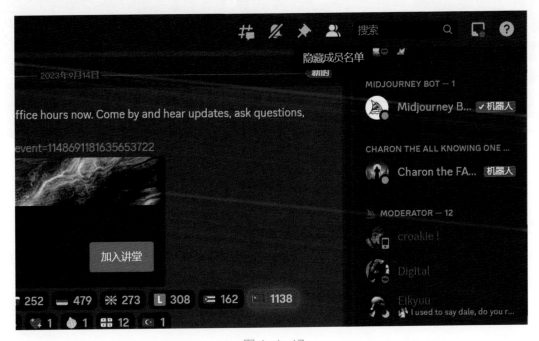

图 1-1-17

图 1-1-18

　　（3）在"添加至服务器"的下拉菜单中，选择刚刚创建的"豆豆服务器"，单击"继续"按钮，如图 1-1-19 所示。

　　（4）在弹出的"想访问您的 Discord 账户"对话框中，单击下方的"授权"按钮，如图 1-1-20 所示。此时再次弹出人机验证窗口，框选"我是人类"，并按照要求依次单击图片，即可将 Midjourney 机器人导入到"豆豆服务器"中。

图 1-1-19   图 1-1-20

（5）返回 Discord 的"豆豆服务器"，如图 1-1-21 所示，即可在右边的成员栏中看到 Midjourney 机器人了。

图 1-1-21

第 5 步：会员订阅充值

（1）进入会员订阅中心。单击屏幕下方的指令区，输入"/subscribe"，按回车键执行"Open subscription page"（打开订阅页面）命令，如图 1-1-22 所示，即可跳转至 Midjourney 官网购买订阅服务的界面，如图 1-1-23 所示。

图 1-1-22

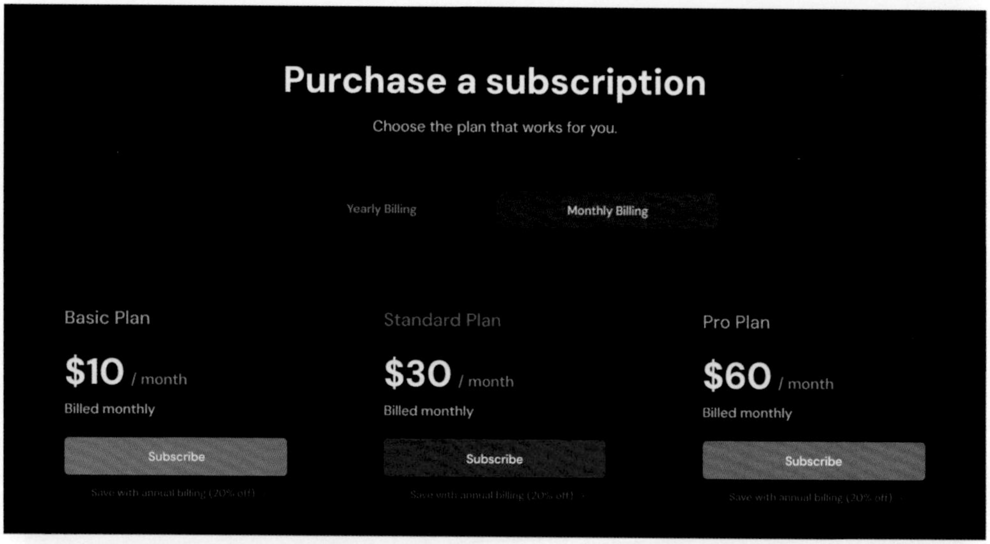

图 1-1-23

建议选择月付的付费方式和"Standard Plan"套餐，即 30 美元 / 月。

✧10 美元 / 月：每月可以生成 200 张图片，适合轻度使用者。

✧30 美元 / 月：每月生成的图片数量无限制，每月 15 小时的快速生成图片使用时长。

✧60 美元 / 月：每月生成的图片数量无限制，每月 30 小时的快速生成图片使用时长。

（2）充值付费条件。需要使用可以支持境外美元支付的 VISA 等信用卡，充值的流程不再赘述。

（3）如何降低 Midjourney 的使用成本。如果觉得每月 30 美元太贵了，可以约上几个好朋友（4 ～ 6 人），共同使用一个账号，即可以多人使用同一个账号。例如，按照 6 人计算，每人每月只须承担约 35 元人民币的使用成本。

🔑 芝麻开门

注册 Discord 账号和导入 Midjourney 机器人的流程，如图 1-1-24 所示。

图 1-1-24

Discord 操作界面有五个功能区域：导航栏、聊天室、出图区、成员栏和指令区，如图 1-1-25 所示。

（1）在导航栏，可以选择自己的或者别人的服务器。

（2）聊天室显示服务器中的各个频道和自己的账号信息。

（3）出图区显示 Midjourney 机器人创作的图片。

（4）成员栏显示服务器中的全部成员，包括 Midjourney 机器人。

（5）在指令区，可以输入各种 Midjourney 的绘图指令和文本提示词。

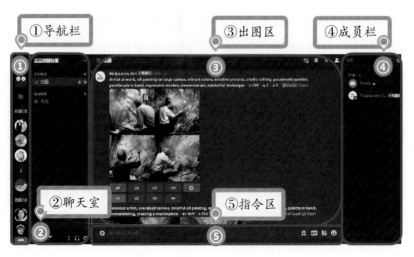

①导航栏　③出图区　④成员栏　②聊天室　⑤指令区

图 1-1-25

👑 任务升级

按照本讲的操作步骤，注册好自己的 Discord 账号，创建一个自己的绘画服务器，并导入 Midjourney 机器人。

第二讲　画一匹骏马——指令 "/imagine"

极速挑战

画一匹在草原上奔跑的骏马。

分步解锁

第1步：添加一个"绘画"频道

（1）在 Discord 界面左侧的导航栏中，找到已建立的"豆豆服务器"，单击"文字频道"右边的加号"+"，如图1-2-1所示。

（2）在弹出的"创建频道"对话框中，将新的频道命名为"绘画"，如图1-2-2所示。创建新频道相当于创建了一个新文件夹，即这个频道专门用于绘画，便于后期整理图片。

技能升级

✓ 使用 "/imagine" 指令和提示词以文绘图

✓ 使用 "U1/U2/U3/U4" 按钮，升级放大绘画作品

✓ 使用 "V1/V2/V3/V4" 按钮，创造出各种变化的绘画作品

✓ 基于相同的提示词，使用"重画"按钮，重新生成更多的作品

图 1-2-1

图 1-2-2

第 2 步：调用 "/imagine" 指令

（1）在新建的"绘画"频道里，单击屏幕底端的指令输入框，输入一个斜杠"/"，就会看到指令表单，里面都是 Midjourney 绘画机器人的指令，如图 1-2-3 所示。

图 1-2-3

（2）选择第一个指令"imagine"，该指令即可出现在屏幕底端的输入框里。在"imagine"指令的后面是一个蓝色的方框，里面有一个英文单词"prompt"，其中文含义为"提示词"，如图 1-2-4 所示。

图 1-2-4

第 3 步：输入提示词绘图

当前 Midjourney 的版本对中文理解较差，需输入英文提示词。如果想画一匹在草原上奔跑的马，可先用翻译软件翻译成英文，即"A horse running on the meadow"。

（1）在"/imagine"指令 prompt 的后面输入提示词，即图片的英文描述，如图 1-2-5 所示。

图 1-2-5

（2）按回车键，Midjourney 就开始作图了。随着作图进度的刷新，Midjourney 创作出如图 1-2-6 所示的四张图片。

图 1-2-6

第 4 步：升级大图

在这四张图片下方有四个按钮 U1/U2/U3/U4，其中，U 是 upscale 的英文缩写，意思是升级大图，分别单击四个按钮即可升级放大对应的四张图片。

（1）如果喜欢第二张图片，则单击 U2 按钮，即可看到放大版的图片，如图 1-2-7 所示。与四宫格里的第二张图片对比，可以看出升级后大图的效果更精美。单击 U1/U3/U4 按钮可以分别升级放大其他三张图片。

（2）右击放大后的图片，可将图片保存到本地电脑中。

图 1-2-7

第 5 步：生成变化图

在升级大图按钮的下方还有四个按钮 V1/ V2/ V3/ V4，其中，V 是 Variation 的英文缩写，意思是生成变化图。分别单击四个按钮，Midjourney 会以数字对应的图片为底图，生成变化图。

（1）单击 V2 按钮，Midjourney 会根据四宫格里面的第二张图片再生成四张类似但有不同创意的图片，如图 1-2-8 所示。

（2）升级放大四宫格里的图片，可以看到每一张图片都与图 1-2-7 有一些细微的变化。

图 1-2-8

第 6 步：重画

  如果对四宫格里的图片都不满意，在四张图片的右下角，单击"重画"按钮 ↻，Mid-journey 会根据原提示词"A horse running on the meadow"的绘图要求，重新创作出四张图片，如图 1-2-9 所示。

  这些新生成的图片是基于相同的提示词重新绘制的，与之前的四张图片有不同的视角和风格。

图 1-2-9

🔑 芝麻开门

Midjourney 的绘图特点：基于相同的提示词，每次都可以创作出不同的图片。

Midjourney 的创作流程，如图 1-2-10 所示。

（1）给出创作图片的提示词，Midjourney 根据这些提示词生成四张图片供选择。

（2）如果对生成的图片都不满意，可以通过 V 按钮和"重画"按钮，让 Midjourney 再次生成更多的图片，直到满意为止。

图 1-2-10

👑 任务升级

绘图练习 1： 实现如图 1-2-11 所示的图片效果。

参考提示词： A red panda is climbing a tree
一只小熊猫正在爬树

绘图练习 2： 实现如图 1-2-12 所示的图片效果。

参考提示词： On the coast of a white sandy beach, a seagull is flying in the air
在白色沙滩的海岸边，　　　　一只海鸥在空中飞翔

图 1-2-11

图 1-2-12

第三讲　图片宽高比与绘画风格——参数 "--ar"

画一只正在草地上追逐蝴蝶的小猫。

分步解锁

✓ 学会设定图片的宽高比

✓ 使用不同绘画风格的关键提示词

第 1 步：调用 "/imagine" 指令绘画

登录 Discord 界面，进入 "豆豆服务器" 的 "绘画" 频道开始绘画。

（1）单击屏幕底端的指令输入框，输入斜杠 "/"，在指令表单中选择 "imagine" 指令，如图 1-3-1 所示，在 "prompt" 的后面输入英文提示词：

A cute kitten is chasing a butterfly on the grass

一只在草地上追逐蝴蝶的可爱的小猫

prompt The prompt to imagine

/imagine prompt A cute kitten is chasing a butterfly on the grass

图 1-3-1

（2）按回车键，Midjourney 创作出如图 1-3-2 所示的四张图片。这时 Midjourney 生成的图片是正方形的，其默认的宽高比为 1∶1。

第 2 步：使用参数 "--ar" 修改图片的宽高比

"ar" 是英文 aspect ratios 的缩写，即宽高比参数。 使用宽高比参数 "--ar" 时，一定要在前面输入两个短横线 "--"，"--ar" 的前后都要输入 "空格"。

（1）在指令 "/imagine" 的后面，输入与第 1 步相同的英文提示词，并在其后面添加宽高比参数 "--ar"，将宽高比设为 "16∶9"。如图 1-3-3 所示，改写英文提示词：A cute kitten is chasing a butterfly on the grass --ar 16∶9。

图 1-3-2

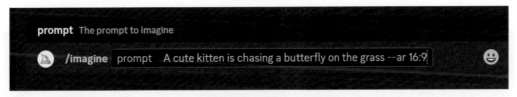

图 1-3-3

　　（2）按回车键，Midjourney 开始作图，随着作图进度的刷新，四张精美的宽高比为 16∶9 的小猫图片就创作出来了，如图 1-3-4 所示。

图 1-3-4

第 3 步: 3D 卡通绘画风格

在第 2 步的基础上,继续创作"一只在草地上追逐蝴蝶的可爱的小猫",并将绘画风格从默认的写实风格修改为 3D 卡通风格,其关键提示词为"3D cartoon style"。

(1)调用指令"/imagine",如图 1-3-5 所示,输入英文提示词:

A cute kitten is chasing a butterfly on the grass, 3D cartoon style --ar 16:9

注意:两段提示词短语之间,要用逗号加空格分开。

图 1-3-5

（2）按回车键，Midjourney 创作出四张宽高比为 16 ∶ 9 的 3D 卡通风格的小猫图片，如图 1-3-6 所示。

图 1-3-6

第 4 步：水彩画绘画风格

如果想将图片改成水彩画的绘画风格（watercolor painting），改写英文提示词：

A cute kitten is chasing a butterfly on the grass, watercolor painting --ar 16:9

如图 1-3-7 所示，Midjourney 创作出四张宽高比为 16 ∶ 9 的水彩画风格的小猫图片。

第 5 步：使用风格提示词资源网站"Midlibrary"

Midlibrary 是由国外艺术家 Andrei Kovalev 创建的，目前收录了 4000 多种适用于 Midjourney 绘画的风格流派、艺术运动、绘画技法及艺术家的关键提示词，能够生成不同风格的图画。Midlibrary 的地址为"https://www.midlibrary.io"。

图 1-3-7

（1）寻找齐白石画风的关键提示词：访问 Midlibrary 的官网，在搜索栏中输入汉语拼音"Qi Baishi"，进入齐白石画风的页面，复制下方的英文提示词"Qi Baishi's painting depicting"，如图 1-3-8 所示。

Qi Baishi's painting depicting

图 1-3-8

（2）调用指令"/imagine"，输入齐白石画风的英文提示词：

A cute kitten is chasing a butterfly on the grass, Qi Baishi's painting depicting --ar 16:9

（3）按回车键，稍等片刻，Midjourney 创作出四张宽高比为 16 ∶ 9 的齐白石画风的图片，如图 1-3-9 所示。

图 1-3-9

 芝麻开门——宽高比及风格提示词公式

主题描述提示词	风格提示词	--ar 宽高比参数

A cute kitten is chasing a butterfly on the grass, Qi Baishi's painting depicting --ar 16:9

👑 任务升级

绘图练习 1：实现如图 1-3-10 所示的图片效果。

参考提示词： A collie chasing a frisbee on the lawn, children's book illustration --ar 4:3

一只在草坪上追逐飞盘的牧羊犬， 儿童绘本插图风格， 宽高比为 4:3

绘图练习 2： 实现如图 1-3-11 所示的图片效果。

参考提示词： A small wooden house sits in a valley surrounded by mountains and

秋天阳光下，一个小木屋坐落在山水环绕的山谷中，

rivers in sunny autumn, Wu Guanzhong's

吴冠中画风，

painting depicting --ar 9:16

宽高比为 9:16

图 1-3-10

图 1-3-11

第四讲 使用 Niji 模型创作动漫——指令"/settings"

极速挑战

画一个二次元动漫风格的孙悟空。

知识一点通——什么是 Niji 模型?

技能升级

✓ 学习指令"/settings"
✓ 使用 Niji Model V5 模型创作动漫绘画

Niji(尼基)模型由 Midjourney 和 Spellbrush 合作研发,具备丰富的动漫风格和动漫美学知识,可以创作出各种动漫和插图,尤其在动作镜头和以角色为中心的构图方面表现得非常出色。目前 Niji 模型的最新版本已经更新到 Niji Model V5 模型。

分步解锁

第 1 步:选择 Niji Model V5 模型的默认风格

(1)登录 Discord 界面,进入"豆豆服务器"的"绘画"频道,单击屏幕底端的指令输入框,输入斜杠"/",如图 1-4-1 所示,在指令表单中选择"settings"指令。

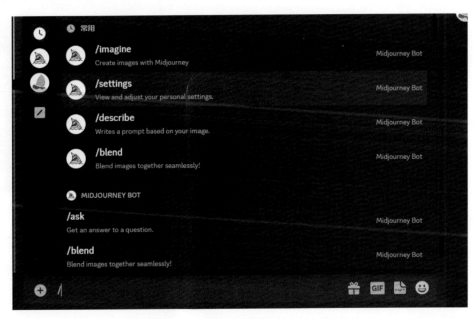

图 1-4-1

（2）按回车键，指令输入框的上方展示出绘图模型，如图 1-4-2 所示，单击下拉框右侧的箭头，可知当前默认的绘图模型是"Midjourney Model V5.2"。

图 1-4-2

（3）如图 1-4-3 所示，选中"Niji Model V5"模型，即可将当前的绘图模型调整为 Niji Model V5 模型。

图 1-4-3

（4）"Niji Model V5"下拉框下方的 5 个按钮代表不同的动漫风格：Default Style（默认风格）/Expressive Style（表现力风格）/Cute Style（可爱风格）/Scenic Style（风景风格）/Original Style（原创风格）。单击"Default Style"按钮，则该按钮显示为绿色，如图 1-4-4 所示，表示该动漫风格可以被调用。

图 1-4-4

第 2 步：画一个孙悟空

（1）调用指令"imagine"，并在其后面输入英文提示词：

Monkey king, Sun Wukong, 3D Pixar style, flat white background --ar 2:3
美猴王，　　　孙悟空，　　　3D 皮克斯风格，平面白色背景，宽高比为 2:3

（2）按回车键，Midjourney 创作出四张 3D 皮克斯风格的孙悟空图片，如图 1-4-5 所示。在文本提示词的后面，Midjourney 自动加上了参数"--niji 5"。通过在文本提示词的尾部直接输入参数的方式，也可以调用 Niji Model V5 模型。

（3）单击 U3 按钮，升级放大第三张图片，如图 1-4-6 所示，并将图片保存到本地电脑中。

图 1-4-5

图 1-4-6

第 3 步：Niji 模型的其他四种动漫风格

（1）在屏幕底端的指令输入框中，输入斜杠"/"，调用指令"settings"，在"Niji Model V5"下拉框的下方第二排，依次选择"Default Style"默认模式之外的四种动漫风格：Expressive Style/Cute Style/Scenic Style/Original Style。

（2）继续使用第 2 步的提示词："Monkey king, Sun Wukong, 3D Pixar style, flat white background --ar 2:3"，调用指令"/imagine"作图。Midjourney 会分别自动在提示词的后面加上风格参数：--style expressive/--style cute/--style scenic/--style original。这四种动漫风格的出图效果分别如图 1-4-7、图 1-4-8、图 1-4-9、图 1-4-10 所示。

Expressive

Cute

图 1-4-7

图 1-4-8

Scenic

Original

图 1-4-9

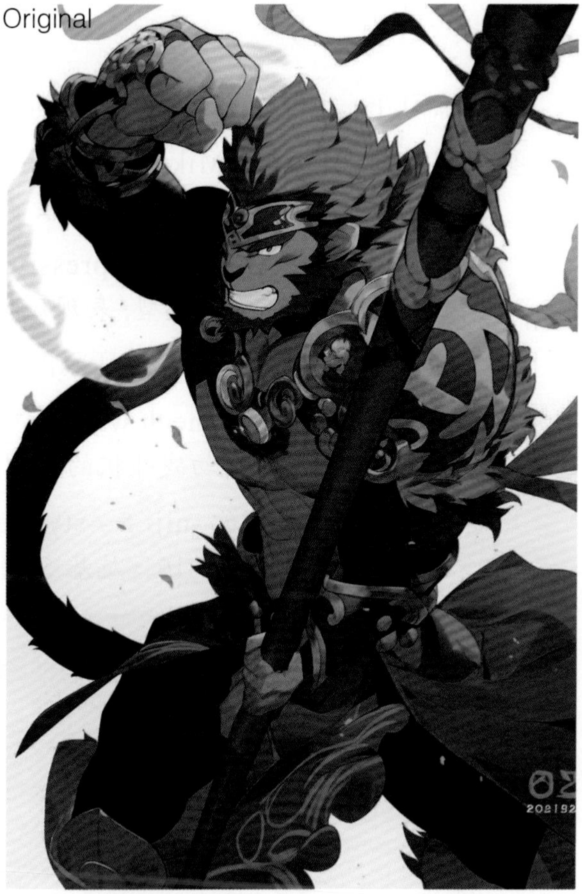

图 1-4-10

🔑 芝麻开门——Niji 模型及不同风格的提示词公式

尼基 5 动漫模型

文本提示词　　　　　宽高比　　　　　动漫风格

Monkey king, Sun Wukong, 3D Pixar style, flat white background --ar 2:3 --niji 5 --style expressive

 **任务升级**

绘图练习1：实现如图1-4-11所示的图片效果。

参考提示词：Hatsune Miku with Mount Fuji in the background --ar 4:3
背景为富士山的初音未来，　　　　　　　　宽高比为4:3，

--niji 5 --style expressive
尼基5动漫模型，表现风格

绘图练习2：实现如图1-4-12所示的图片效果。

参考提示词：A female mech warrior with a sci-fi combat aircraft in the background,
背景为科幻战斗机的机甲女战士，

--ar 9:16 --niji 5 --style original
宽高比为9:16，尼基5动漫模型，原创风格

图1-4-11

图1-4-12

第五讲　以图绘图——图像提示

极速挑战

用以图绘图的方法画一只田野上的小刺猬。

技能升级

✓ 使用图像提示的以图绘图功能，融合两张图片，创造出新的绘画作品

分步解锁

第1步：选择两张图片作为底图

在本地电脑图库中，选择两张图片作为底图备用：一张是夕阳照耀下的田野风景画，如图1-5-1所示；一张是可爱的小刺猬，如图1-5-2所示。

注意：图片的格式必须是jpg或者png格式。

图1-5-1　　　　　　　　　　　　　　　　图1-5-2

第2步：上传图片到Discord出图区

（1）登录Discord界面，进入"豆豆服务器"的"绘画"频道，单击屏幕底端指令输入框左边的加号"+"，弹出一个"上传文件"对话框，如图1-5-3所示。

图 1-5-3

（2）单击"上传文件"按钮，选择本地电脑中准备好的两张图片，单击"打开"按钮后，这两张图片就显示在指令输入框的上方，如图 1-5-4 所示。

图 1-5-4

（3）在指令输入框内按回车键，完成两张图片的上传。

第 3 步：以图绘图

（1）调用"/imagine"指令，输入第 2 步上传的两张图片的链接（URL），并设定出图的宽高比为 3 ：2。

方法一：右击图片，选择"复制链接"命令，如图 1-5-5 所示，在"/imagine"指令提示词框内右击，选择"粘贴"命令，即可将图片链接复制到提示词框内。

方法二：直接选中图片并拖至提示词框内，即可完成图片链接的复制和粘贴动作。

注意：两张图片的链接（URL）之间，一定要用空格分隔开。

图 1-5-5

（2）按回车键，Midjourney 创作出融合了两张底图元素的四张图片，如图 1-5-6 所示。

（3）单击 U4 按钮，升级放大第四张图片，如图 1-5-7 所示，并将图片保存到本地电脑中。

图 1-5-6

图 1-5-7

🔑 芝麻开门 ——以图绘图的图像提示公式

> 图片 1 链接＋空格＋图片 2 链接＋ --ar

注意：

（1）图片链接的输入数量为 2 ~ 8 个，只有一个图片链接不能完成以图绘图。

（2）图片的格式必须是 jpg 或者 png 格式。

（3）两个图片链接之间必须用空格分隔开。

👑 任务升级

绘图练习 1：实现如图 1-5-8 所示的图片效果。

参考提示词：

小女孩图片链接 (URL) + 玫瑰花图片链接 (URL) --ar 9:16

绘图练习 2：实现如图 1-5-9 所示的图片效果。

参考提示词：

宇宙飞船图片链接 (URL) + 外太空图片链接 (URL) --ar 16:9

图 1-5-8

图 1-5-9

第六讲　以图文绘图——图像提示、文本提示词和参数

 极速挑战

创作一幅儿童绘本插图：牧羊犬陪着一个小女孩在田野上奔跑。

📖 知识一点通

技能升级

✓ 使用一张图片、一段文本提示词和宽高比参数，创作出精美的图片
✓ 掌握指令"/imagine"提示词的整体结构

指令"/imagine"提示词由三部分组成：图像提示（Image Prompts）、文本提示词（Text Prompt）和参数（Parameters），如图1-6-1所示。

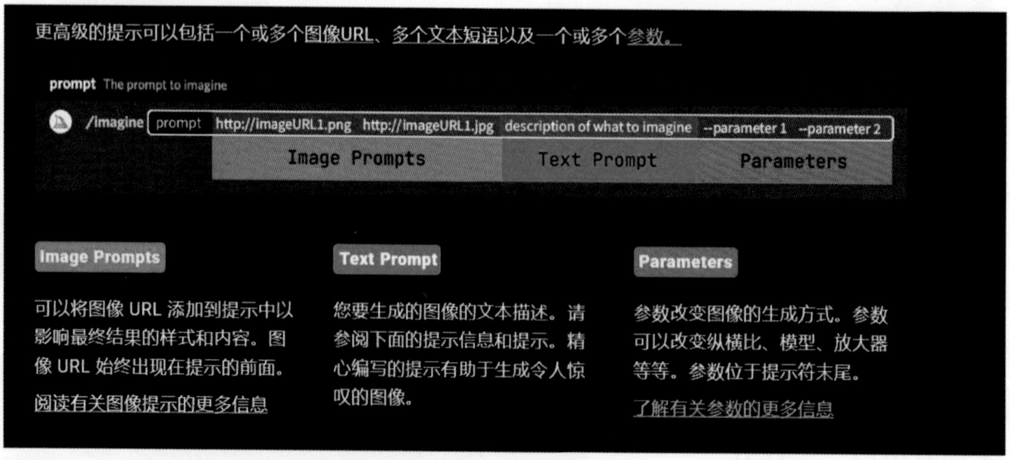

更高级的提示可以包括一个或多个图像URL、多个文本短语以及一个或多个参数。

prompt The prompt to imagine

/imagine prompt http://imageURL1.png http://imageURL1.jpg description of what to imagine --parameter 1 --parameter 2

Image Prompts　　Text Prompt　　Parameters

Image Prompts

可以将图像 URL 添加到提示中以影响最终结果的样式和内容。图像 URL 始终出现在提示的前面。
阅读有关图像提示的更多信息

Text Prompt

您要生成的图像的文本描述。请参阅下面的提示信息和提示。精心编写的提示有助于生成令人惊叹的图像。

Parameters

参数改变图像的生成方式。参数可以改变纵横比、模型、放大器等等。参数位于提示符末尾。
了解有关参数的更多信息

图 1-6-1

图像提示：可以将一个或多个图像链接（URL）添加到提示中，通过图片影响最终出图的风格和内容。图像提示始终位于文本提示词的前面。

文本提示词：一个或多个文本短语，通过文本描述最终出图的内容。

参数：参数始终位于文本提示词的末尾，可以改变图像的生成方式，例如，更改宽高比、模型，等等。

🔒 分步解锁

第 1 步：选择并上传一张图片作为底图

（1）选择一张夕阳照耀下的田野风景画作为底图，如图 1-6-2 所示。

图 1-6-2

（2）单击屏幕底端指令输入框左边的加号"+"，并在指令输入框内按回车键，将这张底图上传至 Discord 的出图区。

第 2 步：输入图像提示、文本提示词和参数

（1）如图 1-6-3 所示，将这张底图的链接（URL）复制粘贴到"/imagine"指令的提示词输入框内，并在链接后面按空格键，再输入文本提示词：

A collie is running with a little girl --ar 4:3

一只牧羊犬正在和一个小女孩奔跑，宽高比为 4:3

图 1-6-3

（2）按回车键，Midjourney 创作出四张精美的图片，如图 1-6-4 所示。

图 1-6-4

第 3 步：添加儿童绘本插图风格提示词

（1）在图像提示、文本提示词和参数的组合提示词中，添加风格提示词："children's book illustration"（儿童绘本插图），再用逗号和空格分隔开，如图 1-6-5 所示。完整的提示词如下：

田野风景画图片链接 + A collie is running with a little girl, children's book

田野风景画图片链接，一只牧羊犬正在和一个小女孩奔跑，儿童绘本插图风格，

illustration --ar 4:3

宽高比为 4:3

图 1-6-5

（2）按回车键，Midjourney 创作出四张精美的儿童绘本插图的图片，如图 1-6-6 所示。

图 1-6-6

（3）单击 U2 按钮，升级放大第二张图片，如图 1-6-7 所示，并保存到本地电脑中。

图 1-6-7

🔑 芝麻开门 ——指令 "/imagine" 提示词的整体结构

图像提示　　　　　　　　　　　　　　文本提示词　　　　　　　　　　宽高比参数

图片链接 + A collie is running with a little girl, children's book illustration --ar 4:3

 **任务升级**

绘图练习 1： 实现如图 1-6-8 所示的图片效果。

参考提示词： 上海夜景图片链接 (URL) Shikinami Asuka Langley in "Evangelion"

上海夜景图片链接，《新世纪福音战士》中的式波·明日香·兰格雷

travels in Shanghai, cyberpunk style --ar 4:3 --niji 5

在上海旅行，赛博朋克风格，宽高比为 4:3，尼基 5 动漫模型

图 1-6-8

绘图练习 2： 实现如图 1-6-9 所示的图片效果。

参考提示词： 中国长城图片链接 (URL) Anya Forger, the anime character from
中国长城图片链接，《间谍 × 过家家》中的动漫人物阿尼亚·福杰

"Spy Family", travels the Great Wall of China, cartoon style
游历中国长城，　　　　　　　卡通风格，

--ar 4:3 --niji 5
宽高比为 4:3，尼基 5 动漫模型

图 1-6-9

第七讲　激发 Midjourney 创造力——混沌参数 "chaos"

激发 Midjourney 的绘画创造力，创作各种不同风格的高科技机器人。

✓ 使用混沌参数 "--chaos" 调整图片创作的差异性

分步解锁

第 1 步：调用 "/imagine" 指令进行绘画

（1）登录 Discord 界面，进入 "豆豆服务器" 的 "绘画" 频道，调用 "/imagine" 指令，输入英文提示词：

A high-tech robot --ar 4:3

一个高科技机器人，宽高比为 4:3

（2）按回车键，Midjourney 创作出四张机器人图片，如图 1-7-1 所示。图片的相似度比较高，特别是第一张和第四张图片非常相似。

第 2 步：设定混沌参数值为 30

当不设定混沌参数 "chaos" 时，系统默认的 "chaos" 参数值为 0。"chaos" 参数的取值范围为 0 至 100，数值越大，四宫格中图片的差异性就越大。

（1）调用 "/imagine" 指令，输入与第 1 步相同的文本提示词和宽高比参数，如图 1-7-2 所示，并添加混沌参数 "--chaos"，将混沌参数值设为 30，输入英文提示词：

A high-tech robot --ar 4:3 --chaos 30

一个高科技机器人，宽高比为 4:3，混沌值为 30

注意：宽高比参数和混沌参数之间必须用空格分隔。参数值 30 与混沌参数 "--chaos" 之间也必须用空格分隔。

（2）按回车键，Midjourney 创作出四张风格各异的机器人图片，如图 1-7-3 所示，四宫格中图片的相似度大大降低。

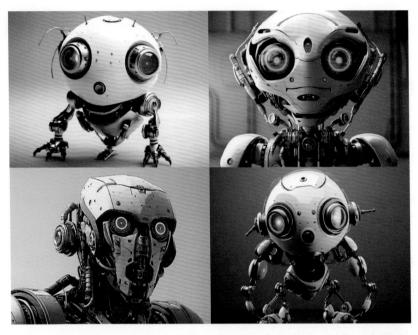

图 1-7-1

图 1-7-2

第 3 步：改变混沌参数"--chaos"值

（1）调用"/imagine"指令，将混沌参数值分别设为 60 和 100，改写第 2 步的英文提示词：

A high-tech robot --ar 4:3 --chaos 60

A high-tech robot --ar 4:3 --chaos 100

（2）按回车键，Midjourney 创作出差异度更高的机器人图片。

如图 1-7-4 所示为混沌参数"--chaos"值设为 60 的出图效果，可以看出这四张图片的颜色、形状和视角都有了很大的不同。

如图 1-7-5 所示为混沌参数"--chaos"值设为 100 的出图效果，可以看出这四张图片不仅颜色、形状、视角有了很大的不同，而且风格各异，例如，第一张图片就是一个类似鱼类的机器人。此时，Midjourney 发挥出了最大的想象力和创造力。

图 1-7-3

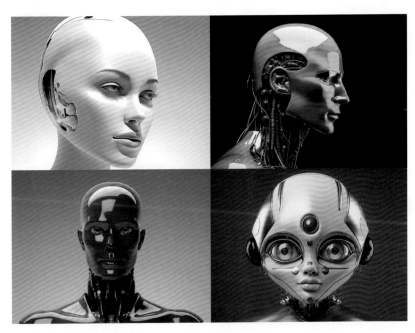

图 1-7-4

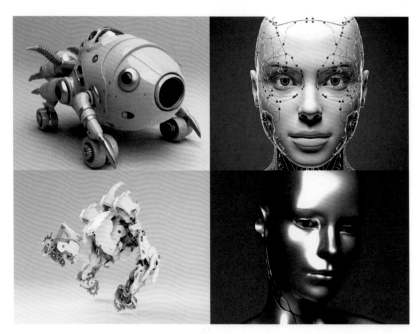

图 1-7-5

🔑 芝麻开门——混沌参数 "--chaos" 提示词公式

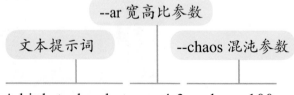

A high-tech robot --ar 4:3 --chaos 100

👑 任务升级

绘图练习 1：实现如图 1-7-6 和图 1-7-7 所示的图片效果。

参考提示词：A peacock with its tail open --ar 4:3 --chaos 30

A peacock with its tail open --ar 4:3 --chaos 90

一只开屏的孔雀，宽高比为 4:3，混沌参数为 30/90

图 1-7-6

图 1-7-7

绘图练习 2：实现如图 1-7-8 和图 1-7-9 所示的图片效果。

参考提示词：One Piece character Luffy, JOJO's bizarre adventure painting style

海贼王角色路飞，　　　　　　JOJO 的奇妙冒险画风，

--ar 4:3 --chaos 0（30）-- niji5

宽高比为 4:3，混沌参数为 0/30，尼基 5 动漫模型

图 1-7-8

图 1-7-9

第八讲 以图生文创作文本提示词——指令 "/describe"

极速挑战

创作一个雪花玻璃球中的圣诞节造型的图片。

技能升级

✓ 使用指令 "/describe"，通过一张图片生成四组相关的文本提示词

✓ 使用图片生成的四组文本提示词，继续生成新的相对应的四宫格图片

分步解锁

第 1 步：准备一张图片作为底图

在图库中选择一张图片作为底图，如图 1-8-1 所示。

图 1-8-1

第 2 步：调用指令 "/describe"，以图生文

（1）登录 Discord 界面，进入"豆豆服务器"的"绘画"频道，在指令表单中调用"/describe"指令，在"/describe"指令的上方会出现一个虚线的方框，提示要上传一张图片，如图 1-8-2 所示。

图 1-8-2

（2）单击虚线方框，上传第 1 步准备好的底图，如图 1-8-3 所示。

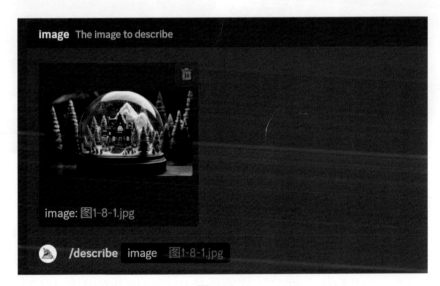

图 1-8-3

（3）按回车键，稍等片刻，Midjourney 就根据这张上传的图片，生成了四组英文的文本提示词，如图 1-8-4 所示。

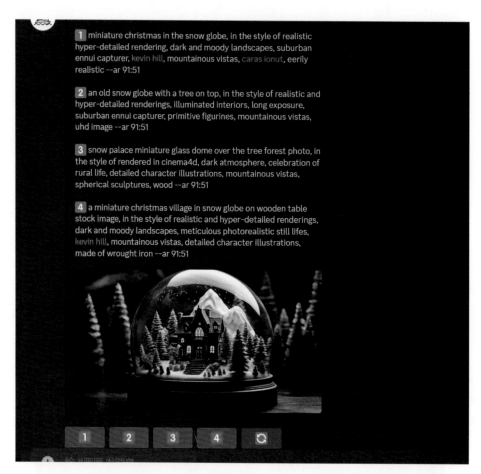

图 1-8-4

第 3 步：将生成的四组文本提示词翻译成中文

使用有道翻译的在线翻译网站，可以将这四组英文的文本提示词翻译成中文，如图 1-8-5 所示。对比这四组中英文提示词，可以看到描述的相同点和不同点，例如，这四组提示词中都有"雪花玻璃球"，表明 Midjourney 能够准确地识别出图片的主题是雪花玻璃球。另外，有两组提示词都提到了插图。

1 miniature christmas in the snow globe, in the style of realistic hyper-detailed rendering, dark and moody landscapes, suburban ennui capturer, kevin hill, mountainous vistas, caras ionut, eerily realistic --ar 91:51

2 an old snow globe with a tree on top, in the style of realistic and hyper-detailed renderings, illuminated interiors, long exposure, suburban ennui capturer, primitive figurines, mountainous vistas, uhd image --ar 91:51

3 snow palace miniature glass dome over the tree forest photo, in the style of rendered in cinema 4D, dark atmosphere, celebration of rural life, detailed character illustrations, mountainous vistas, spherical sculptures, wood --ar 91:51

4 a miniature christmas village in snow globe on wooden table, in the style of realistic and hyper-detailed renderings, dark and moody landscapes, meticulous photorealistic still lifes, kevin hill, mountainous vistas, detailed character illustrations, made of wrought iron --ar 91:51

1 雪花玻璃球中的微型圣诞节，现实主义的超细节渲染风格，黑暗和穆迪的风景，郊区无聊的捕捉者，凯文山，山区远景，卡拉斯艾欧努特，怪异的现实主义-ar 91:51

2 一个古老的雪花玻璃球，顶部有一棵树，逼真和超细节的渲染风格，照明的室内，长曝光，郊区无聊的捕捉者，原始的雕像，山区远景，超高清图像--ar 91:51

3 雪宫微型玻璃穹顶上的树木森林照片，4D电影渲染风格，黑暗的气氛，庆祝农村生活，详细的人物插图，山区远景，球形雕塑，树木，宽高比为91:51

4 有微型圣诞树的雪花玻璃球在木桌上，现实主义和超细节的渲染风格，黑暗和穆迪的风景，细致的照片，真实的静物，凯文山，山区远景，详细的人物插图，铁艺，宽高比为91:5

以上翻译结果来自有道神经网络翻译(YNMT)　·通用场景

图 1-8-5

第 4 步：使用这四组文本提示词继续创作

单击图片下方的"1，2，3，4"四个按钮，如图 1-8-6 所示，Midjourney 就会按照这四组提示词分别进行绘画创作，分别如图 1-8-7、图 1-8-8、图 1-8-9、图 1-8-10 所示。对比一下，哪一组提示词创作出的图片与原图的风格更加相似？

图 1-8-6

第一组提示词：

Miniature Christmas in the snow globe, in the style of realistic hyper-detailed rendering,
雪花玻璃球中的微型圣诞节，　　　　现实主义的超细节渲染风格，

dark and moody landscapes, suburban ennui capturer, kevin hill, mountainous vistas,
黑暗和穆迪的风景，　　　郊区无聊的捕捉者，　　凯文山，　山区远景，

caras ionut, eerily realistic --ar 91:51
卡拉斯艾欧努特，怪异的现实主义，宽高比为 91:51

图 1-8-7

第二组提示词：

An old snow globe with a tree on top, in the style of realistic and hyper-detailed
一个古老的雪花玻璃球，顶部有一棵树，逼真和超细节的渲染风格，

renderings, illuminated interiors, long exposure, suburban ennui capturer, primitive
照明的室内，　　　长曝光，　　郊区无聊的捕捉者，

figurines, mountainous vistas, UHD image --ar 91:51

原始的雕像，山区远景，超高清图像，宽高比为 91:51

图 1-8-8

第三组提示词：

Snow palace miniature glass dome over the tree forest photo, in the style of rendered

雪宫微型玻璃穹顶上的树木森林照片，

in cinema 4D, dark atmosphere, celebration of rural life, detailed character illustrations,

4D 电影渲染风格，黑暗的气氛，庆祝农村生活，　　　详细的人物插图，

mountainous vistas, spherical sculptures, wood --ar 91:51

山区远景，　　　　　球形雕塑，树木，宽高比为 91:51

图 1-8-9

第四组提示词：

A miniature christmas village in snow globe on wooden table stock image, in the style

有微型圣诞树的雪花玻璃球在木桌上，

of realistic and hyper-detailed renderings, dark and moody landscapes, meticulous

现实主义和超细节的渲染风格，　　　　黑暗和穆迪的风景，　　　　细致的

photo realistic still life, kevin hill, mountainous vistas, detailed character illustrations,

照片，真实的静物，　　凯文山，　　山区远景，　　　　详细的人物插图，

made of wrought iron --ar 91:51

铁艺，宽高比为 91:51

图 1-8-10

第 5 步：选择一组文本提示词继续创作

对比上面四组文本提示词创作的绘画，选择第一组文本提示词，让 Midjourney 进一步创作出如图 1-8-11 所示的图片。还可以修改这四组文本提示词，让 Midjourney 创作出更加丰富多彩的绘画作品。

图 1-8-11

🔑 芝麻开门

调用指令"/describe"以图生文的创作流程，如图 1-8-12 所示。

图 1-8-12

调用指令"/describe"，上传底图，生成四组文本提示词，分别单击底图下方的"1/2/3/4"按钮，生成四组四宫格图片，与底图做对比，如果对图片效果不满意，可以继续调用"/describe"指令，直至 Midjourney 创作出满意的图片为止。

👑 任务升级

绘图练习：以一张绘画风格有特色的长城风景图片为底图，根据这张图片生成相应的英文提示词，利用 Midjourney 创作出类似风格的中国长城风景图片。参考底图和效果图分别如图 1-8-13、图 1-8-14 所示。

参考提示词：

Great wall of china with hills, valleys and mountains, in the style of art
中国的长城，有丘陵、山谷和山脉，　　　　　　　　　励志插画艺术风格，

inspirational illustrations, richly colored skies, dreamy realism, hand-painted
　　　　　　　　　　色彩丰富的天空，　梦幻般的现实主义，手绘细节，

details, accurate and detailed --ar 91:51
准确细致，　　宽高比为 91:51

图 1-8-13

图 1-8-14

第九讲　创作自己的卡通头像——图像权重参数"--iw"

 极速挑战

基于自己的头像照片，创作出自己的卡通头像。

技能升级

✓ 使用图像权重参数"--iw"，使 Midjourney 的出图效果与原始底图更加相似

知识一点通

"iw"是英文"image weight"的缩写。图像权重参数"--iw"的主要功能是调整图像提示和文本提示词的占比权重。图像权重参数的取值范围为 0 至 2，如果不设定这个参数，它的默认值就为"1"。权重参数值的取值越高，图像提示的权重占比就越大，Midjourney 机器人所生成的图片就与原图相似度越高。

分步解锁

第 1 步：上传一张自己的免冠头像照片

如图 1-9-1 所示，这是一张 Midjourney 生成的小女孩的头像照片，以此照片作为本讲使用的原始底图。登录 Discord 界面，进入"豆豆服务器"的"绘画"频道，单击屏幕底端指令输入框左边的加号"+"，上传图片到 Discord 的出图区，如图 1-9-2 所示。

第 2 步：输入图像提示、文本提示词和参数

（1）调用"/imagine"指令，将小女孩头像图片的链接（URL）复制粘贴到提示词框内，并按空格键，再输入文本提示词：

A 9-year-old Chinese girl avatar, in the style of Pixar,

一个 9 岁中国女孩头像，　　　　皮克斯风格，

3D rendering, realistic detailing --ar 2:3

3D 渲染，　　　细节逼真，宽高比为 2:3

图 1-9-1

（2）按回车键，Midjourney 创作出四张皮克斯风格的小女孩图片，如图 1-9-3 所示。这四张图片虽然与原始底图有些相似，但脸型都相对瘦小一些。

图 1-9-2

图 1-9-3

第 3 步：添加图像权重参数"iw"

（1）添加图像权重参数"--iw"，并将参数值设定为"1.5"，改写第 2 步的提示词：

小女孩图片链接　A 9-year-old Chinese girl avatar, in the style of Pixar, 3D

图片提示，一个 9 岁中国女孩头像，　　皮克斯风格，

rendering, realistic detailing --ar 2:3 --iw 1.5

3D 渲染，细节逼真，宽高比为 2:3，图像权重为 1.5

（2）按回车键，Midjourney 又创作出四张皮克斯风格的小女孩图片，如图 1-9-4 所示。与第 2 步所创作的四张图片相比较，这四张图片中的小女孩的脸型更加圆润，特别是第二张图片和原始底图的相似度更高，如图 1-9-5 所示。

图 1-9-4

图 1-9-5

第 4 步：切换至"Niji"模式，创作二次元动漫头像

（1）调用"/settings"指令，将 Midjourney 的绘画模型切换为"Niji Model V5"模型。

（2）调用"/imagine"指令，输入英文提示词：

小女孩图片链接　A 9-year-old Chinese girl avatar, in the style of Pixar, 3D rendering, realistic detailing --ar 2:3 --iw 1.5

（3）按回车键，Midjourney 创作出四张二次元动漫风格的小女孩图片，如图 1-9-6 所示。

（4）单击 U2 按钮，升级放大第二张图片，如图 1-9-7 所示。

图 1-9-6

图 1-9-7

🔑 芝麻开门 ——图像权重参数 "--iw" 提示词公式

图片链接 + 文本提示词 + --iw

Midjourney 官方使用说明文档可以查阅所有 Midjourney 的指令和参数的基本用法，网址：https://docs.midjourney.com。

例如，在 Midjourney 官方使用说明文档中，给出一个鲜花图像提示和生日蛋糕文本提示词相组合的用例，随着图像权重 "--iw" 参数值从小到大变化，所生成图片中的鲜花占比权重也不断增加，如图 1-9-8 所示。

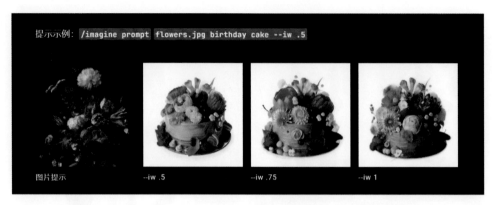

图 1-9-8

👑 任务升级

绘图练习：以自己的免冠头像照片为原始底图，创作两张皮克斯风格的 3D 卡通形象。参考底图如图 1-9-9 所示，参考效果图如图 1-9-10、图 1-9-11 所示。

参考提示词：笔者照片 URL　A simple avatar in the style of Pixar, 3D rendering, flat
　　　　　　图片提示，　　　一个皮克斯风格的简约头像，　　　　3D 渲染，　　　平面

white gradient background --iw 1.2
白色渐变背景，　　　　　　图像权重为 1.2

图 1-9-9

图 1-9-10

图 1-9-11

第十讲　赋予文本提示词不同的权重——分隔符"::"

极速挑战

创作一幅江南水乡五彩缤纷的烟花夜景图。

知识一点通

双冒号"::"分隔符有两个主要功能：分隔，即将文本提示词分隔为两个或多个部分；赋予提示词不同的权重，即提示词各部分的重要性不同。

技能升级

✓ 使用双冒号"::"分隔符，对文本提示词进行分隔

✓ 使用双冒号"::"分隔符，赋予各部分文本提示词不同的权重值

✓ 使用参数"--no"，去除画面中一些不必要的内容元素

在双冒号"::"的后面加上数值，表示该部分文本在生成图片时所占的权重值。权重值越大，则意味着分隔符前面的这部分文本的重要性越高；如果不加权重值，则默认权重值为"1"，代表前面的这部分文本和其他部分文本的重要性相等。

参数"--no"可以去除一些图片中不想要的内容元素，作用等同于负向权重值，例如，"::-.5"。如果想要去除多个内容元素，可以在参数"--no"的后面使用逗号加空格分隔多个英文单词，格式为"--no 元素1，元素2，元素3"。

分步解锁

第1步：使用双冒号"::"分隔符，分隔文本提示词

（1）调用指令"/imagine"，输入英文提示词"space ship"，其中文含义是"太空飞船"。

（2）按回车键，Midjourney创作出四张太空飞船的图片，如图1-10-1所示。

（3）单击U4按钮，升级放大第四张图片，查看这艘太空飞船的出图效果，如图1-10-2所示。

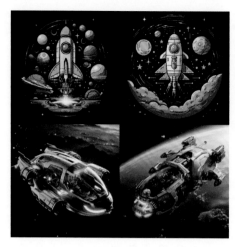

图 1-10-1

图 1-10-2

（4）调用指令"/imagine"，输入英文提示词"space::ship"，这次在单词 space 后面加了双冒号，就把"space ship"这个词组分隔成两部分，其中文含义变为"太空与船"。

（5）按回车键，Midjourney 又创作出四张意境不一样的图片，如图 1-10-3 所示。

（6）单击 U3 按钮，升级放大第三张图片，如图 1-10-4 所示，这张图就表现为太空背景下有一艘帆船的画面。

图 1-10-3

图 1-10-4

第 2 步：使用双冒号 "::" 赋予文本提示词不同的权重

（1）调用指令 "/imagine"，在江南水乡建筑的后面加上 "::3"，将其权重值设为 3；在烟花的后面加上 "::2"，将其权重值设为 2，输入英文提示词：

Jiangnan water town's buildings::3 are illuminated at night by colorful

江南水乡的建筑在夜晚被五彩缤纷的烟花照亮，

fireworks::2 --ar 4:3

　　　　　　　　宽高比为 4:3

（2）按回车键，稍等片刻，Midjourney 创作出四张精美的图片，如图 1-10-5 所示。

（3）单击 U1 按钮，升级放大第一张图片，如图 1-10-6 所示。在这张图片中，江南水乡建筑所占的权重比例较大，烟花所占的权重比例相对较小。

图 1-10-5　　　　　　　　　　　　　　　　图 1-10-6

（4）将江南水乡建筑的权重设为 1，烟花的权重设为 3，创作一张烟花权重比例较大、建筑权重比例较小的图片，改写英文提示词：

Jiangnan water town's buildings::1 are illuminated at night by colorful fireworks::3 --ar 4:3

（5）按回车键，Midjourney 又创作出四张精美的图片，如图 1-10-7 所示。

（6）单击 U3 按钮，升级放大第三张图片，如图 1-10-8 所示。与图 1-10-6 的出图效果相比，这张图片的烟花所占的权重比例较大，而建筑所占的权重比例相对较小。

图 1-10-7

图 1-10-8

第 3 步：使用参数"--no"去除画面中不需要的内容元素

（1）调用指令"/imagine"，输入英文提示词：

Jiangnan water town's buildings::1 are illuminated at night by colorful fireworks::3
江南水乡的建筑在夜晚被五彩缤纷的烟花照亮，

--ar 4:3 --no blue
宽高比为 4:3，不要蓝色

（2）按回车键，Midjourney 创作出四张精美的图片，如图 1-10-9 所示。

（3）单击 U1 按钮，升级放大第一张图片，如图 1-10-10 所示，与图 1-10-8 的出图效果相比，夜空中蓝色的烟花已经不见了。

图 1-10-9 图 1-10-10

🔑 芝麻开门

双冒号"::"分隔符提示词公式：

> 文本提示词 :: 数值 + 文本提示词 :: 数值 + --ar

注意：

（1）双冒号"::"分隔符之间不需要添加空格。

（2）双冒号"::"前面紧跟英文文本提示词，后面紧跟数值，之间也不需要添加空格。

（3）双冒号"::"及数值的后面需要使用逗号或空格，分隔开其后面的提示词。

（4）双冒号"::"分隔符后面如果不加上数值，其默认的权重值为1。

参数"--no"提示词公式：

> 文本提示词 + --ar + --no 元素 1，元素 2，……

注意：

（1）参数"--no"等同于负向权重，例如，"::-.5"。

（2）想要去除多个内容元素时，参数"--no"后面的多个内容元素之间，需要用逗号加空格来分隔。

任务升级

绘图练习： 实现如图 1-10-11 所示的图片效果，其中，水晶寺庙的权重为 3，洋甘菊的权重为 2。

参考提示词： There is a lake in front of a crystal temple::3, surrounds the shore of
一座水晶寺庙前有一个湖，

the lake there are some yellow color chamomile::2, Makoto Shinkai style,
湖边环绕着一些黄色的洋甘菊，　　　　　　新海诚风格，

super detailed, ultra high definition --ar 3:2 --no girl, boy
超细致，　　超高清晰度，宽高比为 3:2，不要出现男孩和女孩

图 1-10-11

第二章 星海探秘——Midjourney 绘画进阶

当你留住了璀璨的烟花，又发现，烟花之上还有灿烂的星河，你是否也激情澎湃，渴望探索那神秘深邃的宇宙？

那么，来吧，一起前进，领略这斑斓的世界……

第一讲　人物角色连续创作——种子参数 "--seed"

极速挑战

画一位身穿旗袍的中国女孩，再替换女孩的服装颜色及其身后的背景。

分步解锁

第 1 步: 创建一个人物角色

（1）调用 "/imagine" 指令，输入英文提示词:

A full body shot of a beautiful Chinese girl in a blue and flower cheongsam,
一个穿着蓝色和花朵的旗袍的漂亮的中国女孩的全身照，

flat white background --ar 4:3
平面白色背景，宽高比为 4:3

（2）按回车键，Midjourney 创作出四张身穿旗袍的中国女孩的图片，如图 2-1-1 所示。

（3）单击 U4 按钮，升级放大第四张图片，如图 2-1-2 所示，将这张图片保存到本地电脑备用。

技能升级

✓ 获取 Midjourney 创作图片的种子参数 "--seed" 的值

✓ 使用种子参数 "--seed"，在保持人物角色一致的情况下，通过局部微调提示词，修改图片细节

图 2-1-1

图 2-1-2

第 2 步: 获取人物角色图片的 seed 值

（1）单击图片右上方的"添加反应"按钮，如图 2-1-3 所示，在弹出的对话框上方的搜索栏中，输入"en"。

（2）单击第一个信封图标，如图 2-1-4 所示，这时 Midjourney 就会发出一封包含这张图片的 ID 和 seed 值的私信。

图 2-1-3

图 2-1-4

（3）单击 Discord 界面左上角的私信服务器，再单击 Midjourney Bot 频道，就可以看到，在这张人物角色图片上方，有 Midjourney 发送的私信内容，这张图片的 seed 值为"2648224926"，如图 2-1-5 所示。

图 2-1-5

（4）复制 seed 值的数字，回到"豆豆服务器"，粘贴 seed 值到下方的指令输入栏中，按回车键，就将这张图片的 seed 值发送到出图区了，如图 2-1-6 所示。

图 2-1-6

第 3 步：修改背景的关键提示词，添加种子参数"--seed"

（1）调用"/imagine"指令，将第 1 步文本提示词中的背景描述修改为"上海市区街道"，并添加种子参数"--seed"，输入英文提示词：

A full body shot of a beautiful Chinese girl in a blue and flower cheongsam,
一个穿着蓝色和花朵的旗袍的漂亮的中国女孩的全身照，

standing on the street in downtown Shanghai --ar 4:3 --seed 2648224926
站在上海市区的街道上，　　　　　　　　宽高比为 4:3，seed 值为 2648224926

（2）按回车键，Midjourney 创作出四张站在上海市区的街道上、身穿旗袍的中国女孩的图片，如图 2-1-7 所示。

（3）单击 U4 按钮，升级放大与原图人物角色最像的第四张图片，如图 2-1-8 所示。与原图的人物角色相比，仍有一些差异。

图 2-1-7

图 2-1-8

第 4 步：使用人物角色原始底图作为图像提示

（1）调用"/imagine"指令，将第 1 步生成的人物角色的原始底图作为图像提示，复制该图片的链接（URL），粘贴到第 3 步的英文提示词的前面。

（2）按回车键，稍等片刻，Midjourney 又生成了四张站在上海市区的街道上、身穿旗袍的中国女孩的图片，如图 2-1-9 所示。这四张图片中的女孩与原图的人物角色已经非常一致了。

（3）单击 U3 按钮，升级放大第三张图片，如图 2-1-10 所示。

图 2-1-9

图 2-1-10

第 5 步：修改旗袍颜色的关键提示词

（1）将第 4 步英文提示词中的蓝色和花朵改为传统的红色旗袍，图像提示（图片链接）和参数都保持不变，输入英文提示词：

A full body shot of a beautiful Chinese girl in a traditional red cheongsam,

一个穿着传统红色旗袍的漂亮中国女孩的全身照，

standing on the street in downtown Shanghai --ar 4:3 --seed 2648224926

站在上海市区的街道上，　　　　　　　　宽高比为 4:3，seed 值为 2648224926

（2）按回车键，Midjourney 创作出四张身穿传统红色旗袍的中国女孩图片，如图 2-1-11 所示。

（3）单击 U3 按钮，升级放大与人物角色最接近的第三张图片，如图 2-1-12 所示。

图 2-1-11

图 2-1-12

🔑 芝麻开门——种子参数 "--seed" 的提示词公式

> 图片链接 URL + 文本提示词局部微调 + --seed 值

获取图片的 seed 值：单击 "添加反应" 中的信封图标，发送 seed 值到私信，获取

Midjourney 生成图片的种子参数 seed 值。

小技巧：每次微调提示词时，先修改一个关键词组（例如，背景、颜色或动作），在生成比较满意的图片后，再修改另一个关键词组，逐步生成满意的图片。

👑 任务升级

绘图练习 1：实现如图 2-1-13 所示的图片效果。

参考提示词：A little girl reading a book , Disney style, 3D rendering --ar 16:9
<u>　　　　　　一个读书的小女孩，　　　　　迪士尼风格，3D 渲染，宽高比为 16:9</u>

绘图练习 2：实现如图 2-1-14 所示的图片效果。

参考提示词：图 2-1-13 的 URL A little girl with red glasses reading a book,
<u>　　　　　　　一个戴红色眼镜读书的小女孩，</u>

Disney style, 3D rendering --ar 16:9 --seed
<u>迪士尼风格，3D 渲染，宽高比为 16:9，图 2-1-13 的 seed 值</u>

图 2-1-13　　　　　　　　　　　　　　　图 2-1-14

绘图练习 3：实现如图 2-1-15 所示的图片效果。

参考提示词：图 2-1-13 的 URL A little girl with red glasses reading a book in the
<u>　　　　　　　一个戴红色眼镜在图书馆读书的小女孩，</u>

library, Disney style, 3D rendering --ar 16:9 --seed
<u>迪士尼风格，3D 渲染，宽高比为 16:9，图 2-1-13 的 seed 值</u>

绘图练习 4：实现如图 2-1-16 所示的图片效果。

参考提示词：图 2-1-13 的 URL A little girl with red glasses reading a book in a

一个戴红色眼镜在花园读书的小女孩，

garden, Disney style, 3D rendering --ar 16:9 --seed

迪士尼风格，3D 渲染，宽高比为 16:9，图 2-1-13 的 seed 值

图 2-1-15

图 2-1-16

第二讲 InsightFaceSwap 换脸机器人

极速挑战

使用换脸机器人，给一名草原上骑马的中国帅哥换脸，再给拿着饮料的三名同学中的两个人物换脸。

知识一点通

InsightFaceSwap 换脸机器人是一种基于人脸识别技术的强大工具。它能够识别和捕捉人脸的关键特征，例如，眼睛、鼻子、嘴巴等，并通过算法将一个人的脸部特征应用到另一个人的图像上。

技能升级

✓ 将 InsightFaceSwap 导入到 Discord 的"豆豆服务器"中

✓ 使用 InsightFaceSwap 给单一人物角色换脸

✓ 使用 InsightFaceSwap 给同一图片中的多个人物角色换脸

分步解锁

第 1 步：导入 InsightFaceSwap 换脸机器人

（1）登录 Discord 界面，进入"豆豆服务器"，单击屏幕底端的指令输入框，输入添加 InsightFaceSwap 机器人的网址，按回车键，此网址就显示在指令输入框上方的出图区：https://discord.com/api/oauth2/authorize?client_id=1090660574196674713&permissions=274877945856&scope=bot。

（2）单击此网址，弹出如图 2-2-1 所示的对话框，单击"添加至服务器"的下拉框，选择"豆豆服务器"。

（3）单击"继续"按钮，弹出如图 2-2-2 所示的对话框，单击"授权"按钮，弹出身份认证对话框，如图 2-2-3 所示。

图 2-2-1

图 2-2-2

图 2-2-3

（4）框选"我是人类"后，在豆豆服务器的右侧成员列表中，如图 2-2-4 所示，就可以看到一个叫作 InsightFaceSwap Bot 的机器人已经添加成功了。

图 2-2-4

第 2 步：获取图片的 seed 值

（1）调用"/imagine"指令，输入英文提示词：

Half body shot of a handsome Chinese guy in a black leather jacket,

一个穿着黑色皮夹克的中国帅哥的半身照，

white background --ar 4:3

平面白色背景，宽高比为 4:3

（2）按回车键，Midjourney 创作出四张身穿皮夹克的中国帅哥的图片，如图 2-2-5 所示。

（3）单击 U2 按钮，升级放大第二张图片，如图 2-2-6 所示，保存这张图片到本地电脑，作为底图，进行后续的连续创作。

图 2-2-5　　　　　　　　　　　图 2-2-6

（4）获取这张图片的 seed 值为"2219144500"。

第 3 步：将底图上传至 InsightFaceSwap

（1）单击屏幕下方的指令栏，输入斜杠"/"，在弹出的对话框的左边单击 InsightFaceSwap 图标，并执行存储 ID 指令"/saveid"，如图 2-2-7 所示。

（2）单击"/saveid"指令上方的虚线方框，上传第 2 步所保存的人物角色图片，并在"/saveid"指令后面的"idname"框中将人物角色命名为"lee"。

（3）按回车键，这张命名为"lee"的图片就被上传并保存到 InsightFaceSwap 机器人中了，如图 2-2-8 所示。

图 2-2-7

图 2-2-8

第 4 步：借助底图画一个在草原上骑马的帅哥

（1）调用"/imagine"指令，将第 2 步生成的原始底图作为图像提示，复制粘贴底图的链接到提示词框，再输入英文提示词和人物角色的 seed 值：

A handsome Chinese guy wearing a light blue denim jacket is riding a horse on the

一个穿着浅蓝色牛仔夹克的中国帅哥正在草原上骑马，

grassland with blue sky and white clouds background --ar 4:3 --seed 2219144500

蓝天白云背景， 宽高比为 4:3，seed 值为 2219144500

（2）按回车键，Midjourney 绘制出四张在草原上骑马的中国帅哥的图片，如图 2-2-9 所示。

（3）单击 U4 按钮，升级放大与底图相似的第四张图片，如图 2-2-10 所示，将图片保存到本地电脑中备用。

图 2-2-9

图 2-2-10

第 5 步：调用"/swapid"指令给目标图片中的人物换脸

（1）在指令栏内输入"/"，在弹出的对话框的左边单击 InsightFaceSwap 图标，并执行"/swapid"指令，如图 2-2-11 所示。

（2）单击"/swapid"指令上方的虚线方框，上传第 4 步所保存的图片（图 2-2-10）作为换脸的目标图片，并在"/swapid"指令后面的"idname"框中输入之前保存的人物角色底图的名字"lee"，如图 2-2-12 所示。

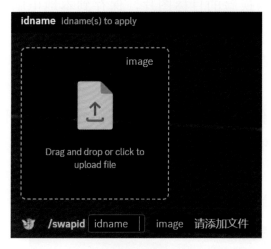

图 2-2-11

图 2-2-12

（3）按回车键，稍等片刻，目标图片中的人物换脸就完成了，如图 2-2-13 所示，可以看出，目标图片中的人物角色和原始底图高度一致。

图 2-2-13

第 6 步：给目标图片中的多个人物角色换脸

（1）调用 "/imagine" 指令，输入英文提示词：

A female student and two male students hold a drink and take a group photo
一位女同学和两位男同学手拿饮料

on the streets of downtown Shanghai --ar 4:3
在上海闹市区街头合影，　　　　　　　宽高比为 4:3

如图 2-2-14 所示，Midjourney 生成了一张作为换脸的目标图片，保存到本地电脑中备用。

（2）在指令栏内输入 "/"，在弹出的对话框的左边单击 InsightFaceSwap 图标，执行 "/saveid" 指令。

（3）单击 "/saveid" 指令上方的虚线方框，上传保存的穿着蓝色和花朵的旗袍的中国女孩的图片（图 2-1-2），并在 "/saveid" 指令后面的 "idname" 框中给这个人物角色命名为 "zhao"，如图 2-2-15 所示。

（4）按回车键，将这个女性人物角色和命名传给 InsightFaceSwap 机器人。

图 2-2-14

图 2-2-15

（5）将目标图片中间的女同学和右边的男同学进行换脸。在指令栏内输入 "/"，在弹出的对话框的左边选择 InsightFaceSwap 图标，执行 "/swapid" 指令。

（6）单击"/swapid"指令上方的虚线方框，上传之前保存的三位同学的目标图片（图 2-2-14），并在"/swapid"指令后面的"idname"框中输入"_,zhao,lee"。

注意：换脸人名的顺序是从左往右依次对应的，第一个下画线表示左边的第一个同学不需要换脸，第二个人名"zhao"对应中间的女同学，第三个人名"lee"对应右边的男同学，人名及下画线之间必须用逗号间隔开，如图 2-2-16 所示。

图 2-2-16

（7）按回车键，稍等片刻，中间女同学和右边男同学就完成了换脸的操作，如图 2-2-17 所示。

图 2-2-17

 **芝麻开门——InsightFaceSwap 机器人换脸操作的注意事项**

（1）底图人物角色的基本要求：脸部要正面朝向，图片质量要好，不要戴眼镜，而且脸部五官不能被长发遮挡。

（2）人物角色图片名（idname）的长度不能超过 20 个字符。

（3）当一个图片里有多个人物角色需要换脸时，要从左往右依次替换，人物角色之间用逗号隔开。如果有些人物角色不需要换脸，则用下画线"_"代替名字。

InsightFaceSwap 机器人换脸的操作流程，如图 2-2-18 所示。

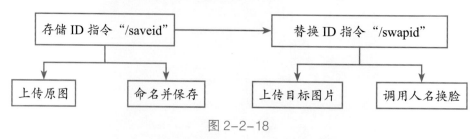

图 2-2-18

添加 InsightFaceSwap 机器人的网址如下：

https://discord.com/api/oauth2/authorize?client_id=1090660574196674713&permissions=274877945856&scope=bot。

InsightFaceSwap 机器人还有四个指令，包括"/delall"（删除所有 ID）、"/delid"（删除某个 ID）、"/listid"（列出所有 ID）、"/setid"（设置默认 ID），由于篇幅所限，就不在这里——详细介绍了，具体的用法参见 InsightFaceSwap 官方使用说明文档，网址如下：

https://github.com/deepinsight/insightface/tree/master/web-demos/swapping_discord。

👑 任务升级

绘图练习 1：实现如图 2-2-19 所示的图片效果。

参考提示词：A realistic-looking woman models wearing black T-shirt,
一名逼真的女模特，　　　　　　　穿着黑色 T 恤衫，

half body shot, flate white background

半身拍摄，　　　纯白色背景

绘图练习 2：实现如图 2-2-20 所示的图片效果。

参考提示词：Female rock climber, hanging from the

一名女攀岩者，　　　悬挂在岩壁上，

rock wall, digital illustration, profile view,

数码插图，　　　　侧面图，

full body view --ar 2:3

全身图，　宽高比为 2:3

绘图练习 3：将女攀岩者的脸替换为女模特的脸，实现如图 2-2-21 所示的图片效果。

图 2-2-19

图 2-2-20

图 2-2-21

第三讲　人物角色连续创作的关键提示词

极速挑战

创作一个可爱的卡通人物形象，展示出 6 岁女孩莉莉在不同视角下的各种姿势、表情和动作。

技能升级

✓ 创作不同姿势和表情的人物角色

✓ 创作不同 3D 表情符号的人物角色

✓ 创作连续动作的人物角色

✓ 创作不同视角下的人物角色

分步解锁

第 1 步：创作多种姿势和表情的人物角色表

莉莉是一个可爱的 6 岁女孩，一头黑色短发，扎着紫色花发带，圆圆的大脸上有一双明亮的大眼睛，穿着紫色连衣裙。

关键提示词为 "Character sheet with multiple poses and expressions"，其中文含义为 "具有多种姿势和表情的角色表"。

（1）调用指令 "imagine"，输入英文提示词：

Character sheet with multiple poses and expressions, Lily is a cute 6 years old girl,
具有多种姿势和表情的角色表，　　　　　　　莉莉是一个可爱的 6 岁女孩，

short black hair, purple flower head band, large eyes and round face, purple dress,
黑色短发，　　　紫色花发带，　　　　　　大眼睛和圆脸，　　　紫色连衣裙，

full body, Pixar style, 3D rendering, ultra realistic, flat white background --ar 4:3
全身照，皮克斯风格，3D 渲染，　　　超逼真，　　　纯白背景，　　　宽高比为 4:3，

--style expressive --niji 5
表现力风格，尼基 5 动漫模型

（2）按回车键，Midjourney 创作出四张莉莉的图片，每张图片中都包含了多个姿势和表

情各异的小女孩，如图 2-3-1 所示。

（3）单击 U2 按钮，升级放大第二张图片，这张图片中有 6 个姿势和表情各不相同的小女孩，如图 2-3-2 所示。

图 2-3-1   图 2-3-2

（4）单击 V2 按钮，让 Midjourney 在第二张图片的基础上再生成一些变化图，如图 2-3-3 所示，此时得到了一组 24 个人物角色的图片。小女孩的相貌、头发颜色、头饰和服装都保持高度一致，但姿势和表情各异。单击 V1/V3/V4 按钮，可以生成更多的变化图。

第 2 步：创作不同表情符号的 3D 角色头像列表

关键提示词为 "Expressions sheet with different 3D emojis"，其中文含义为 "具有不同表情符号的 3D 角色头像表"。

（1）调用指令 "imagine"，改写第 1 步的关键提示词：

Expressions sheet with different 3D emojis, Lily is a cute 6 years old girl, short black
具有不同表情符号的 3D 角色头像表，　　　　　莉莉是一个可爱的 6 岁女孩，　黑色短发，

hair, purple flower head band, large eyes and round face,purple dress, Pixar style,
　　紫色花发带，　　　　　大眼睛和圆脸，　　　紫色连衣裙，皮克斯风格，

3D rendering, ultra realistic, flat white background --ar 4:3 --style expressive --niji 5
3D 渲染，　　　超逼真，　　　纯白背景，宽高比为 4:3，表现力风格，尼基 5 动漫模型

图 2-3-3

（2）按回车键，Midjourney 创作出四张图片，每张图片中都包含了多个表情各异的小女孩头像，如图 2-3-4 所示。

（3）单击 U2 按钮，升级放大第二张图片，这张图片中包含了 12 个表情各异但人物角色一致的小女孩头像，如图 2-3-5 所示。

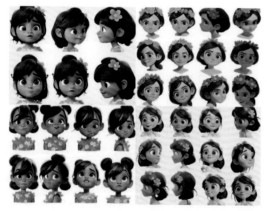

图 2-3-4

图 2-3-5

（4）单击 V2 按钮，让 Midjourney 在第二张图片的基础上再生成一些变化图，得到一张包含四组共 48 个表情各异的小女孩角色头像的图片，如图 2-3-6 所示。继续单击 V1/V3/V4 按钮，可以生成更多的小女孩头像的变化图。

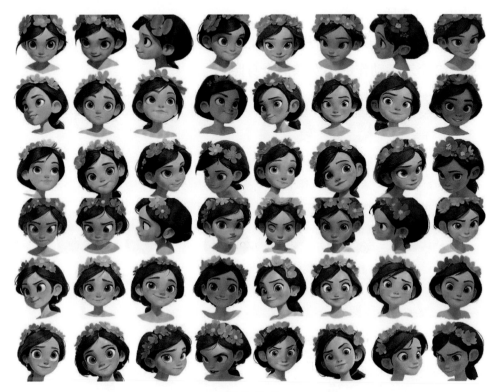

图 2-3-6

第 3 步：创作四组连续动作的角色图片

"四组连续动作的角色"的关键提示词为 "4 panels with continuous doing"。

（1）调用指令 "imagine"，改写第 2 步的关键提示词：

4 panels with continuous doing, Lily is a cute 6 years old girl, short black hair,
四组连续动作的角色，　　　　　莉莉是一个可爱的 6 岁女孩，　黑色短发，

purple flower head band, large eyes and round face, purple dress, full body, Pixar style,
紫色花发带，　　大眼睛和圆脸，　　　　　紫色连衣裙，全身照，皮克斯风格，

3D rendering, ultra realistic, flat white background --ar 16:9 --style expressive --niji 5

3D 渲染，　　　超逼真，　　　　纯白背景，宽高比为 16:9，表现力风格，尼基 5 动漫模型

（2）按回车键，Midjourney 创作出四张图片，每张图片中都包含了三个不同动作的小女孩的全身照，如图 2-3-7 所示。

（3）单击 V1 按钮，在第一张图片的基础上，再生成一些变化图，如图 2-3-8 所示，这张图片包含四组 12 个连续动作的小女孩的全身照。

图 2-3-7

图 2-3-8

（4）单击 U4 按钮，升级放大第四张图片，如图 2-3-9 所示，这张图片中包含了同一个小女孩的三个连续动作。

图 2-3-9

第 4 步：创作人物角色的三视图

"三视图，即正视图、侧视图和背视图"的关键提示词为"Three views, including the front view, the side view and the back view"。类似的关键提示词还有"Split into 3 different images, shot from multiple angles"，其中文含义为"分成三个不同的图像，多个角度拍摄"。

（1）调用指令"imagine"，改写第 3 步的关键提示词：

Three views, including the front view, the side view and the back view, Lily is a cute
三视图，　　即正视图、侧视图和背视图，　　　　　　　莉莉是一个可爱的

6 years old girl, short black hair, purple flower head band, large eyes and round face,
6 岁女孩，　　　黑色短发，　　　紫色花发带，　　　　　大眼睛和圆脸，

purple dress, full body, Pixar style, 3D rendering, ultra realistic, flat white background
紫色连衣裙，全身照，皮克斯风格，3D 渲染，　　超逼真，　　　纯白背景，

--ar 16:9 --style expressive --niji 5
宽高比为 16:9，表现力风格，尼基 5 动漫模型

（2）按回车键，Midjourney 创作出四张图片，每张图片中都包含了三个小女孩的全身照，如图 2-3-10 所示。

（3）单击 U1 按钮，升级放大第一张图片，如图 2-3-11 所示，这张图片中包含了小女孩的正面照、侧面照和背面照。

图 2-3-10

图 2-3-11

（4）单击 V1 按钮，根据第一张图片再生成一些变化图，如图 2-3-12 所示，这张图片包含四组共 12 个小女孩角色的三视图。

图 2-3-12

（5）如图 2-3-13 所示，使用如下的关键提示词也可以达到类似的出图效果：

Split into 3 different images, shot from multiple angles

图 2-3-13

🔑 芝麻开门——常用的关键提示词

Character sheet with multiple poses and expressions
具有多种姿势和表情的角色表

Expressions sheet with different 3D emojis
具有不同表情符号的 3D 角色头像表

4 panels with continuous doing
四组连续动作的角色

Three views, including the front view, the side view and the back view
三视图，即正视图、侧视图和背视图

Split into 3 different images, shot from multiple angles
分成 3 个不同的图像，多个角度拍摄

👑 任务升级

绘图练习 1： 实现如图 2-3-14 所示的图片效果。

参考提示词： Expressions sheet with different 3D emojis, detective Conan,
具有不同表情符号的 3D 角色头像表，　　　神探柯南，

--ar 3:2 --style expressive --niji 5
宽高比为 3:2，表现力风格，尼基 5 动漫模型

图 2-3-14

绘图练习 2：实现如图 2-3-15 所示的图片效果。

参考提示词：4 panels with continuous doing, full body, detective Conan,

四组连续动作的角色，　　　　　全身照，　　神探柯南，

--ar 16:9 --style expressive --niji 5

宽高比为 3:2，表现力风格，尼基 5 动漫模型

图 2-3-15

绘图练习 3：实现如图 2-3-16 所示的图片效果。

参考提示词：Multiple angles shot sheet with different views, jewelry design, Barbie
不同视角的多角度拍摄表，　　　　　　　　　　珠宝设计，　　芭比

themed rings, gemstones and diamonds, transparent, holographic, smooth
主题戒指，　宝石和钻石，　　　　透明，　全息，　　光滑的

color background, cinematic lighting, product photography, intricate details
色彩背景　　　电影灯光，　　产品摄影，　　　复杂的细节

图 2-3-16

第四讲 自定义缩放参数 "--zoom" 与拓图

极速挑战

利用拓图功能，以一个小女孩的 3D 角色头像为底图，创作出一幅画：在海边沙滩上，有个小女孩和她的小狗在散步，身后的海面上停泊着一艘小帆船。

• 技能升级 •

✓ 使用以图绘图和多图融合的技巧，连续创作出不同表情的 3D 角色头像

✓ 自定义缩放参数 "--zoom"，并结合提示词拓图

✓ 使用向上 / 向下 / 向左 / 向右的箭头按钮和提示词拓图

分步解锁

第 1 步：使用以图绘图和多图融合的技巧，连续创作不同表情的 3D 角色头像

（1）图 2-4-1 为已生成的不同表情的 3D 角色头像的图片，使用 Photoshop、美图秀秀或其他绘图软件，将这些头像分别裁剪并单独保存。

（2）选择四张表情相近的 3D 头像图片，如图 2-4-2、图 2-4-3、图 2-4-4 和图 2-4-5 所示，作为以图绘图的原始底图，并将这四张底图上传到 Discord 的出图区。

注意：按完回车键才能完成图片上传。

（3）调用指令 "/imagine"，将这四张底图的链接（URL）复制粘贴到提示词框的最前面，作为图像提示。

注意：每一个链接之间要用空格分隔开。

（4）如图 2-4-6 所示，在图像提示的后面输入英文提示词：

Lily is a cute 6 years old girl, short black hair, purple flower head band, large eyes and
莉莉是一个可爱的 6 岁女孩，黑色短发，   紫色花发带，   大眼睛和

round face, always smiling, Pixar style, 3D rendering, ultra realistic, flat white
圆脸，   总是微笑，   皮克斯风格，3D 渲染，   超逼真，   纯白背景，

background --ar 1:1 --iw 1.5 --niji 5
宽高比为 1:1，图像权重为 1.5，尼基 5 动漫模型

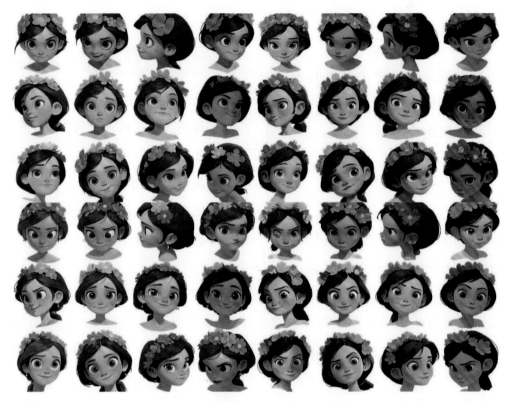

图 2-4-1

图 2-4-2　　　　图 2-4-3　　　　图 2-4-4　　　　图 2-4-5

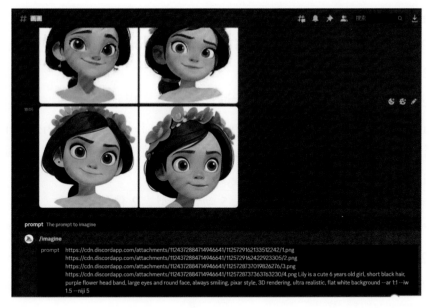

图 2-4-6

（5）按回车键，Midjourney 创作出四张小女孩的 3D 角色头像图片，如图 2-4-7 所示。

（6）单击 U2 按钮，升级放大第二张图片，如图 2-4-8 所示，将这张 3D 头像图片作为下一步拓图的底图。

图 2-4-7

图 2-4-8

第 2 步：拓图创作人物角色

（1）在图 2-4-8 的下方，单击自定义缩放按钮 "Custom Zoom"，弹出一个 "Zoom Out" 对话框，如图 2-4-9 所示。

（2）删除这个对话框中显示的全部提示词，输入英文提示词：

Lily is a cute 6-year-old girl in a red dress, seaside background, Pixar style,
莉莉是一个可爱的 6 岁女孩，穿着红色连衣裙，海边背景，　　皮克斯风格，

3D rendering, UHD --ar 3:2 --niji 5 --zoom 2
3D 渲染，超高清，宽高比为 3:2，尼基 5 动漫模型，2 倍缩放

（3）单击 "提交" 按钮，稍等片刻，Midjourney 创作出四张图片。选择其中的一张升级放大，如图 2-4-10 所示。与图 2-4-8 对比，小女孩的头部图像保持不变，头部图像的四周拓展为一张宽高比为 3：2 的大图。小女孩身穿红色连衣裙，身后的背景拓展为海边的场景。

图 2-4-9

图 2-4-10

第 3 步：利用 "向下" 箭头创作人物角色的具体动作

（1）如图 2-4-11 所示，单击 "向下" 箭头按钮 ，就会弹出 "Pan Down"（向下拓图）对话框，如图 2-4-12 所示。

图 2-4-11   图 2-4-12

（2）删除这个对话框中显示的全部提示词，并输入英文提示词：

Lily is a cute 6-year-old girl in a red dress, walking with a dog, seaside beach

莉莉是一个可爱的 6 岁女孩，穿着红色连衣裙，带着狗正在散步，海边沙滩背景，

background, Pixar style, 3D rendering, UHD --niji 5

皮克斯风格，3D 渲染，超高清，尼基 5 动漫模型

（3）单击"提交"按钮，稍等片刻，Midjourney 创作出四张图片，选择其中的一张升级放大，如图 2-4-13 所示。与图 2-4-10 对比，这张图片向下做了拓展，放大为一张宽高比 1 ∶ 1 的图片：小女孩牵着一只可爱的小狗在海边沙滩上散步。

第 4 步：拓图创作具体的场景

使用自定义缩放按钮"Custom Zoom"，在海边添加一艘帆船。

（1）单击图 2-4-13 下方的"Custom Zoom"按钮，在弹出的"Zoom Out"对话框中，输入英文提示词：

图 2-4-13

Lily is a cute 6-year-old girl in a red dress, walking with a dog, there is a boat in the
莉莉是一个可爱的6岁女孩，穿着红色连衣裙，带着狗散步，海上有一艘船，

sea, Pixar style, 3D rendering, UHD --niji 5 --ar 3:2 --zoom 2
皮克斯风格，3D渲染，超高清，尼基5动漫模型，宽高比为3:2，2倍缩放

（2）单击"提交"按钮，稍等片刻，Midjourney 创作出如图 2-4-14 所示的四张图片。

（3）单击 U3 按钮，升级放大第三张图片，如图 2-4-15 所示。与图 2-4-13 对比，这张图片再次拓展为一张宽高比为 3：2 的图片，小女孩身后的海面上停泊着一艘小帆船。

图 2-4-14   图 2-4-15

第 5 步：图像提示与箭头按钮结合拓图

图像提示和"向右"箭头按钮结合使用，在图片右边的沙滩上增加一些躺椅和遮阳伞。

（1）单击图 2-4-15 下方的正方图按钮"Make Square"，稍等片刻，Midjourney 就创作出四张宽高比为 1：1 的图片，升级放大其中的一张图片，如图 2-4-16 所示。这张图片是在宽高比为 3：2 的图片基础上，向上和向下拓图为宽高比为 1：1 的图片。

（2）调用"/imagine"指令，输入英文提示词：

There are some sun loungers and umbrellas on the beach, 3D rendering, UHD --ar 1:2 --niji 5
海滩上有一些躺椅和遮阳伞，   3D渲染，超高清，宽高比为1:2，尼基5动漫模型

（3）按回车键，Midjourney 创作出四张图片，升级放大其中的一张图片，如图 2-4-17 所示。

图 2-4-16 图 2-4-17

（4）单击图 2-4-16 下方的"向右"箭头按钮，在弹出的"Pan Right"（向右拓图）对话框中，复制粘贴图 2-4-17 的图片链接（URL），输入如图 2-4-18 所示的英文提示词：

There are some sun loungers and umbrellas on the beach, 3D rendering, UHD --iw 2 --niji 5"

海滩上有一些躺椅和遮阳伞，3D 渲染，超高清，图像权重为 2，尼基 5 动漫模型

（5）单击"提交"按钮，稍等片刻，Midjourney 创作出四张图片，升级放大其中的一张图片，如图 2-4-19 所示。

图 2-4-18　　　　　　　　　　　　图 2-4-19

经过以上五个步骤的操作，将一个小女孩的 3D 卡通头像，拓图为一个新的场景："一个身穿红色连衣裙的小女孩在海边沙滩上遛狗，她身后的海面上停泊着一艘木帆船，沙滩旁有一些躺椅和遮阳伞。"重复以上的五个步骤，就可以基于同一个小女孩的 3D 卡通头像进行连续绘画，创作出各种不同场景、服装和动作的图片。

🔑 芝麻开门

◆ 使用自定义缩放"Custom Zoom"按钮的注意事项：

（1）根据构图需要，设定合适的宽高比和"--zoom"参数的缩放比例。

（2）根据拓图的需求，输入适当的提示词。

（3）"--zoom"参数的取值范围为"1 ～ 2"。

◆ 使用向上 / 向下 / 向左 / 向右的箭头按钮时的注意事项：

（1）根据构图需要，可与正方图按钮"Make Square"结合使用。

（2）当使用提示词添加绘图内容的拓图效果不理想时，可先单独创作一张需要添加内容的图片，再使用图片链接加文本提示词和图像权重参数"--iw"的提示词公式，进行拓图，就能实现比较好的出图效果。

绘图练习：先实现如图 2-4-20 所示的图片效果，再通过分步拓图创作，实现一图多角色的效果，如图 2-4-21 和图 2-4-22 所示。

图 2-4-20

参考提示词（1）：Closeup shot of a funny and scared
　　　　　　　　　一张有趣且害怕的男孩脸部的

boy face with African savannah background
　　特写照，　　　非洲大草原背景

参考提示词（2）：A boy is running, being chased by a
　　　　　　　　　一只狮子正在追赶一个奔跑的男孩，

lion, African savannah background --ar 3:2
　　非洲大草原背景，　　　宽高比为 3:2

参考提示词（3）：Back view shot of a man in a cowboy hat holding a pistol
　　　　　　　　　背景照，一个戴着牛仔帽、手持手枪的男子

图 2-4-21

图 2-4-22

第五讲　局部重绘 "Vary(Region)"

极速挑战

使用局部重绘 "Vary(Region)" 功能（删 / 改 / 增），删除底图画面中女士手里的鲜花，修改帽子等服饰的颜色，添加一个女士手提包和一辆自行车。

分步解锁

第 1 步：设置 "Remix mode"，创作一张原始底图

（1）调用设置指令 "/settings"，按回车键，在指令输入框上方就会弹出一个 Midjourney 设置对话框。

（2）单击下拉框，选择最新的 Midjourney 模型 V5.2，并单击下拉框下方的 "Remix mode" 按钮，使其显示为绿色，如图 2-5-1 所示。

图 2-5-1

（3）调用指令 "/imagine"，输入英文提示词：

A young slim Chinese girl with a big straw hat, full body and side view,walking on
一位年轻苗条的中国女孩，　　戴着大草帽，　　　全身和侧视，　　　走在

技能升级

✓ 使用局部重绘功能，删除图片中不需要的内容元素

✓ 使用局部重绘功能，修改图片中的一些内容元素

✓ 使用局部重绘功能，在图片中增加一些内容元素

sidewalk, white dress, high heels, watercolor painting style, street background --ar 3:2

人行道上，白色连衣裙，高跟鞋，水彩画风格，　　　　　　街道背景，宽高比为 3:2

（4）按回车键，Midjourney 创作出四张图片，选择其中一张作为连续绘画的原始底图，升级放大后的效果图如图 2-5-2 所示。

图 2-5-2

第 2 步：使用局部重绘功能，删除图片中不需要的内容元素

（1）单击图 2-5-2 下方的"Vary（Region）"按钮，在弹出的对话框中实现局部重绘。

（2）单击对话框左下方的框选按钮▣，按住鼠标左键，在图片上框选一个需要修改的手部画面区域，如图 2-5-3 所示，在图片的下方输入英文提示词："empty handed, --no flowers"，其中文含义为"空手，去除鲜花"。

（3）单击提交按钮➡，Midjourney 创作出四张图片，升级放大其中的一张图片，出图效果如图 2-5-4 所示，此时女孩手中的鲜花已经不见了。

图 2-5-3

图 2-5-4

第 3 步: 使用局部重绘功能, 修改图片中的一些内容元素

（1）单击图 2-5-4 下方的"Vary（Region）"按钮, 弹出一个"局部重绘"对话框。

（2）单击对话框左下方的套索按钮🔍, 在图中按住鼠标左键, 选择三个需要修改的服饰画面区域, 依次分别是帽子、腰带、高跟鞋。

（3）如图 2-5-5 所示, 在图片的下方输入英文提示词:

a black hat, a black belt, a black high heels

黑色帽子, 黑色腰带,　黑色高跟鞋

注意: 单击对话框左上角的撤销按钮↩, 可以重新选择要修改的画面区域。

图 2-5-5

（4）单击提交按钮➡, Midjourney 又生成了四张图片, 升级放大其中的一张图片, 如图 2-5-6 所示, 可以看到女孩的帽子、腰带和鞋子均修改为黑色。

图 2-5-6

第 4 步：使用局部重绘功能，增加图片中的一些内容元素

（1）单击图 2-5-6 下方的"Vary（Region）"按钮，弹出一个"局部重绘"对话框。

（2）单击对话框左下方的套索按钮 🔍 ，在图中按住鼠标左键，选择两个需要增加内容的画面区域，依次是手提包、女孩身体左侧的区域。

（3）如图 2-5-7 所示，在图片的下方输入英文提示词：

holding a black leather bag, a bicycle by the road, watercolor painting
拿着黑色皮包，　　　　　　路边的自行车，　　　　水彩画

（4）单击提交按钮 ➡ ，Midjourney 创作出四张图片，选择其中的一张图片，如图 2-5-8 所示。图片中的女孩手持一个黑色皮包，路边有一辆自行车。

图 2-5-7

图 2-5-8

🔑 芝麻开门——局部重绘"Vary(Region)"功能的小技巧

（1）想得到理想的出图效果，局部重绘的画面选择区域要尽量大一些，尽量占整个画面的 20% ～ 50%。

（2）修改或增加内容的提示词描述，要与整个画面的内容相匹配，绘画风格要一致。

👑 任务升级

绘图练习 1：实现如图 2-5-9 所示的图片效果。

参考提示词：Blue sky, beach, sunshine, small house, a couple looking at each other,
　　　　　　蓝天，　沙滩，阳光，　　小房子，　　　一对对视的情侣，

boy with short hair and girl with long hair, Makoto Shinkai style,
短发男孩和长发女孩，　　　　　　　　　新海诚风格，

--ar 16:9 --niji 5
宽高比为 16:9，尼基 5 动漫模型

图 2-5-9

绘图练习 2：如图 2-5-10 所示，局部重绘，在海上增加一艘木帆船。

参考提示词：A wooden sailboat on the sea, Makoto Shinkai style --niji 5 --ar 16:9

绘图练习 3：如图 2-5-11 所示，局部重绘，将女孩的裙子换成红色。

参考提示词：A red dress --ar 16:9

图 2-5-10

图 2-5-11

第六讲 构图中的拍摄方位、拍摄角度和拍摄距离

极速挑战

把 Midjourney 变成一架摄像机，创作出不同构图视角下的日本和服美女的摄影作品。

知识一点通

技能升级

✓ 创作出不同拍摄方位（例如，正面、侧面和背面视角）的摄影作品

✓ 创作出不同拍摄角度（例如，平视、仰视和俯视）的摄影作品

✓ 创作出不同拍摄距离（远景、近景、特写）的摄影作品

1. 什么是拍摄方位

拍摄方位，是指拍摄位置与被拍摄对象在同一水平平面上的对应关系。在拍摄时可根据创作的需要和创意，选择恰当的拍摄方位，以展现出最佳的构图效果。

构图方式通常有三种：正面构图、侧面构图和背面构图。

当选择正面构图时，被拍摄的人物直接面对镜头，这样可以突出人物的正面特点，让观众更直接地感受到整体的魅力；侧面构图可以捕捉被拍摄人物的轮廓和侧面特征，给人一种更强的立体感和生动感；背面构图通过拍摄人物的背部或背影，可以传达一种神秘或引人遐想的氛围。

2. 什么是拍摄角度

拍摄角度，是指拍摄位置和被拍摄对象在垂直高度上的夹角。

拍摄角度通常有三种：拍摄位置和被拍摄对象等高的是平视角度，拍摄位置比被拍摄对象高的是俯视，拍摄位置比被拍摄对象低的是仰视。

平视、俯视、仰视这三种角度，可看到立面、底面与顶面三种不同的立体效果。当拍摄同一个人物时，平视角度可以表现人物的正常相貌，背景是地平线居中，天地各半；仰视角度以天空为背景，人物形象会显得比较高大；俯视角度以地面或水面作为背景，自头部向下

产生透视效果，显得头大身体小。所以，选择不同的拍摄角度，可以塑造出不同的主题，表达不同的意境，还可以创造出多样化的视觉效果，增强摄影作品的艺术表现力。

3. 什么是拍摄距离

拍摄距离，又称作取景尺寸，是指拍摄位置到被拍摄对象之间的距离。常见的拍摄距离包括远景、全景、中景、近景、特写，等等。通过调整拍摄距离，可以确定被拍摄对象的大小，并且决定画面中所包含的背景空间范围，即决定摄影作品中不同的取景尺寸。

当选择远景与全景时，摄影位置与被拍摄对象之间保持较大的距离，能够将被拍摄对象置于较广阔的背景环境中，展现广阔的背景景色和远处的细节，营造出开阔宏大的氛围。与远景比较，全景有较明确的中心内容。全景用来表达整个环境及被拍摄对象与周围环境的关系。

当选择中景时，摄影位置靠近被拍摄对象，缩小了拍摄距离，可以突出被拍摄对象的细节和纹理，营造出亲近、生动的感觉，使观者更加贴近被拍摄对象。

当选择近景与特写时，摄影位置极为接近被拍摄对象，可以捕捉到被拍摄对象的细微表情、纤细线条和细节，创造出极富表现力的照片，让观者更加聚焦于被拍摄对象的细节特点。

🔒 分步解锁

第 1 步：使用拍摄方位的关键提示词，创作摄影作品。

（1）调用指令"/imagine"，输入英文提示词：

Front view, a beautiful Japanese girl in a Japanese kimono with cherry blossom

正面视角，一个身穿和服的日本美女，

trees in the background --ar 4:3

背景在樱花树下，宽高比为 4:3

（2）按回车键，Midjourney 创作出四张正面角度的日本美女图片，如图 2-6-1 所示。

（3）单击 U4 按钮，升级放大第四张图片，如图 2-6-2 所示，这是正面视角的出图效果。

图 2-6-1

图 2-6-2

（4）将正面视角的关键提示词替换为侧面视角，改写英文提示词：

Side view, a beautiful Japanese girl in a Japanese kimono with cherry blossom

侧面视角，一个身穿和服的日本美女，

trees in the background --ar 4:3

背景在樱花树下，宽高比为 4:3

（5）按回车键，Midjourney 创作出四张侧面角度的日本美女图片，如图 2-6-3 所示。

（6）单击 U1 按钮，升级放大第一张图片，如图 2-6-4 所示，这是侧面视角的出图效果。

图 2-6-3

图 2-6-4

（7）将侧面视角的关键提示词替换为背面视角，改写英文提示词：

Back side view, a beautiful Japanese girl in a Japanese kimono with cherry blossom trees in the background --ar 4:3

（8）按回车键，Midjourney 又创作出四张背面视角的日本美女图片，如图 2-6-5 所示。

（9）单击 U2 按钮，升级放大第二张图片，如图 2-6-6 所示，这是背面视角的出图效果。

图 2-6-5

图 2-6-6

第 2 步：使用拍摄角度的关键提示词，创作摄影作品

（1）调用指令"/imagine"，输入英文提示词：

Shot from below, a beautiful Japanese girl in a Japanese kimono with cherry blossom

仰视角度拍摄，　一个身穿和服的日本美女，

trees in the background --ar 4:3

背景在樱花树下，宽高比为 4:3

（2）按回车键，Midjourney 创作出四张仰视角度的日本美女图片，如图 2-6-7 所示。

（3）单击 U4 按钮，升级放大第四张图片，如图 2-6-8 所示，这是仰视拍摄的出图效果。

（4）俯视角度拍摄又称作鸟瞰。将仰视角度拍摄的关键提示词替换为俯视角度拍摄，改写英文提示词：

Bird's eye view, a beautiful Japanese girl in a Japanese kimono with cherry blossom trees in the background --ar 4:3

图 2-6-7   图 2-6-8

（5）按回车键，Midjourney 又创作出四张鸟瞰视角的日本女孩图片，如图 2-6-9 所示。

（6）单击 U2 按钮，升级放大第二张图片，如图 2-6-10 所示，这是鸟瞰视角的出图效果。

图 2-6-9   图 2-6-10

（7）将俯视角度拍摄替换为平视角度拍摄，改写英文提示词：

Shot from shoulder level, a beautiful Japanese girl in a Japanese kimono with cherry blossom trees in the background --ar 4:3

（8）按回车键，Midjourney 又创作出四张平视角度拍摄的日本美女图片，如图 2-6-11 所示。

（9）单击 U1 按钮，升级放大第一张图片，如图 2-6-12 所示，这是平视角度拍摄的出图效果。

图 2-6-11

图 2-6-12

第 3 步：使用不同拍摄距离的关键提示词，创作摄影图作品

（1）调用指令"/settings"，选择"Midjourney Model V5.2"，升级后的 5.2 版本已经具备了变焦缩放功能"zoom out"，可以拓图和拉大拍摄距离。

（2）调用指令"/imagine"，输入英文提示词：

Distant shot, head to toe full body shot of a beautiful Japanese girl in a Japanese

远景照， 从头到脚的全身照，一个身穿和服的日本美女

kimono walking in a beautiful park with cherry blossom trees --ar 4:3

漫步在一个樱花树的公园中， 宽高比为 4:3

（3）按回车键，Midjourney 创作出四张远景全身照的日本美女图片，如图 2-6-13 所示。

（4）单击 U1 按钮，升级放大第一张图片，如图 2-6-14 所示，这是远景全身照的出图效果。

（5）单击图 2-6-14 下方的"Zoom Out 2x"按钮，如图 2-6-15 所示，将此图片拉大拍摄距离，拓图放大 2 倍。重新生成的远景图片效果，如图 2-6-16 所示。

图 2-6-13

图 2-6-14

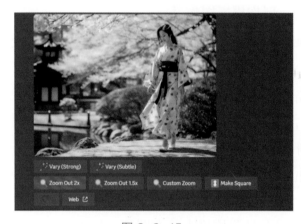

图 2-6-15

图 2-6-16

（6）将远景拍摄改为中景拍摄，改写英文提示词：

Medium shot, half body shot of a beautiful Japanese girl in a Japanese kimono walking in a beautiful park with cherry blossom trees --ar 4:3

（7）按回车键，Midjourney 又创作了四张中景照的日本美女图片，如图 2-6-17 所示。

（8）单击 U3 按钮，升级放大第三张图片，如图 2-6-18 所示，这是中景半身照的出图效果。

图 2-6-17 图 2-6-18

（9）将中景拍摄改为近景特写拍摄，改写英文提示词：

closeup shot, eye level view, a beautiful Japanese girl in a Japanese kimono --ar 4:3

（10）按回车键，Midjourney 又创作出四张近景特写拍摄的日本美女图片，如图 2-6-19 所示。

（11）单击 U2 按钮，升级放大第二张图片，如图 2-6-20 所示，这是近景特写拍摄的出图效果。

图 2-6-19 图 2-6-20

（12）单击图片下方的"Zoom Out 1.5x"按钮，将拍摄距离拉远一点，拓图放大 1.5 倍。重新生成的特写图片，如图 2-6-21 所示。

图 2-6-21

🔑 芝麻开门——常用摄影、构图关键提示词

拍摄方位	正面视角	侧面视角	背面视角
	front view	side view	back side view
仰视角度	shot from below	low angle shot	
	仰视角度拍摄	低角度拍摄	
俯视角度	bird's eye view	high angle shot	
	鸟瞰视角	高角度拍摄	
平视角度	shot from eye level	shot from hip level	shot from shoulder level
	视线水平拍摄	从臀部水平	肩部水平拍摄
远景 / 全景	distant shot	full shot	full body shot
	远景照	全景照	全身照
中景	medium shot		
	中景照		
近景 / 特写	closeup shot	medium closeup	extreme closeup shot
	特写	中距特写	超特写

任务升级

绘图练习 1：实现如图 2-6-22 所示的图片效果。

参考提示词：A zebra is grazing in the African savannah at sunset, shot from below,
在日落时的非洲大草原上，一只斑马正在吃草， 仰视角度拍摄，

side view, close-up photography, UHD --ar 3:2
侧视图， 特写摄影，超高清，宽高比为 3:2

绘图练习 2：实现如图 2-6-23 所示的图片效果。

参考提示词：Silent city in Bryce Canyon at sunrise in the winter, bird's eye view,
冬季日出时，布莱斯峡谷的景点"寂静城市"，鸟瞰图，

distant shot photography, UHD --ar 3:2
远景照， 超高清，宽高比为 3:2

图 2-6-22

图 2-6-23

绘图练习 3：实现如图 2-6-24 所示的图片效果。

参考提示词：Potala Palace in Tibet, China, at sunrise in autumn, high angle shot,
西藏布达拉宫，　　　　　中国，秋天日出，　　　　高角度拍摄，

long distance and full view --ar 4:3
远距离和全景，　　　　宽高比 4:3

图 2-6-24

第七讲　景深、光圈与焦距、自拍及微距摄影

极速挑战

创作一组摄影作品：落日下的模特与跑车，自拍模式下的鹦鹉和企鹅，微距条件下的蜗牛、蜜蜂和蝴蝶。

技能升级

- ✓ 创作不同景深效果的摄影作品
- ✓ 创作自拍的摄影作品
- ✓ 创作微距摄影作品

知识一点通

1. 什么是景深

拍摄摄影作品时，对焦位置的画质最为清晰，对焦位置前后会逐渐变得模糊，人眼所能看到的清晰范围，就是景深。

如果在生成的图片中，人物非常清晰而背景模糊，这种现象就是由景深效果造成的。景深效果可以创造照片中焦点的层次感，通常用景深描述照片背景的虚化。景深较深，则背景虚化程度低，清晰景物的范围较大，远处与近处的景物都非常清晰；景深较浅，即背景虚化程度高，清晰景物的范围较小，远处与近处的景物都是虚化模糊的。

不同的摄影作品需要不同的景深范围。例如，风景照通常具有较深的景深，这意味着远处和近处的景物都能清晰呈现。而人物照、自拍照和微距摄影等画面通常具有较浅的景深，这样能够突出被拍摄的主体。

2. 什么是景深三要素

光圈大小、镜头焦距和拍摄距离被称为景深三要素，对于景深的影响：光圈越大（较小的光圈值）则景深越浅，光圈越小则景深越深；焦距越大则景深越浅，焦距越小则景深越深；距离越小则景深越浅，距离越大则景深越深。

3. 什么是微距摄影

微距摄影专注于拍摄非常小的对象，以高度的细节和放大的比例来捕捉细微之处的摄影

技术。微距摄影用于拍摄昆虫、花朵、植物、珠宝等细小的对象，以展示它们的微小细节和纹理，形成较强的视觉冲击力。微距摄影要使用最好的微距镜头（通常焦距在 50 ～ 125mm 区间），要使用稳定的三脚架，要耐心地等待和捕捉精彩的瞬间。

🔒 分步解锁

第 1 步：使用景深、光圈和焦距等关键提示词，创作摄影作品

（1）调用指令"/imagine"，输入英文提示词：

Full body shot, a beautiful model in a long dress, seaside beach sunset background,
全身照，　　　　一名长裙美女模特，　　　　　　海边沙滩夕阳背景，

Nikon DSLR camera, 85mm portrait lens with a shallow depth of field, super realistic
尼康数字单反相机，　85mm 人像镜头，　　　　浅景深，　　　　　　超写实

and detailed --ar 3:4
和细致，宽高比为 3:4

（2）按回车键，Midjourney 创作出四张海边沙滩上的美女模特照片，如图 2-7-1 所示。

（3）单击 U4 按钮，升级放大第四张图片，如图 2-7-2 所示，可以看到模特的面貌、身材和服装很清晰，背景中的落日、大海和沙滩模糊虚化，对主题人物形象起到了很好的衬托效果。

（4）通过设定较大的光圈（较小的光圈值），使用摄影师们常用的 35mm 镜头 1.8 光圈的关键提示词，控制 Midjourney 再创作三张摄影作品，均以虚化模糊的落日城市为背景，衬托出做工精湛的布加迪威龙跑车和容貌俊美的模特。

◇想实现如图 2-7-3 所示的图片效果，可输入英文提示词：

Medium shot photo, a Bugatti Veyron under the sunset urban background,
中景照，　　　　　　日落下的布加迪威龙跑车，城市背景，

Sony mirrorless camera, 35mm lens, f/1.8, ultra realistic and detailed --ar 16:9
索尼微单相机，　　　　35mm 镜头，光圈 f/1.8，超写实和细致，宽高比为 16:9

图 2-7-1   图 2-7-2

图 2-7-3

◇想实现如图 2-7-4 所示的图片效果，可输入英文提示词：

Full body photo, a blue Bugatti Veyron at sunset, a handsome man model standing
全身照，　　　　　　日落时的蓝色布加迪威龙跑车，　旁边站着一名帅哥模特

next to it, urban background, Sony mirrorless camera, DSLR, 35mm lens, f/1.8,
　　　　城市背景，　　　　索尼微单相机，数码单反相机，35mm 镜头，　光圈 f/1.8，

ultra realistic and detailed --ar 16:9
超写实和细致，宽高比为 16:9

图 2-7-4

◇想实现如图 2-7-5 所示的图片效果，可输入英文提示词：

Full body photo, a Bugatti Veyron at sunset, a beauty model standing next to it, urban
全身照，　　　　　　日落时的布加迪威龙跑车，　旁边站着一名美女模特，

background, Sony mirrorless camera, 35mm lens, f/1.8, ultra realistic and detailed --ar 16:9
城市背景，索尼微单相机，35mm 镜头，光圈 f/1.8，超写实和细致，宽高比为 16:9

第 2 步：使用自拍关键提示词，创作摄影作品

（1）调用指令 "/imagine"，输入英文提示词：

Shot from selfie of a cute macaw in joy and excitement, seaside beach in
一只可爱的金刚鹦鹉在和兴奋地自拍，　　　　　　　　背景是海边海滩，

the background, hyper-realistic and detailed --ar 3:2 --no people
超写实和细致，　　　　　　　　宽高比为 3:2，没有人

图 2-7-5

（2）按回车键，Midjourney 创作出四张可爱的金刚鹦鹉自拍照片，如图 2-7-6 所示。

（3）单击 U2 按钮，升级放大第二张图片，如图 2-7-7 所示，可以明显看出金刚鹦鹉背后的沙滩、椰子树等景物的虚化效果，与清晰的金刚鹦鹉形成了鲜明的对比。

图 2-7-6

图 2-7-7

（4）借助 Midjourney，让一群企鹅生成一幅自拍照，输入英文提示词：

GoPro selfie of a group of penguin in adorable expression, joy and excitement,
GoPro 运动相机拍摄的一群企鹅的自拍，表情可爱，　　　　欢乐又兴奋，

iceberg in the background, hyper-realistic and detailed --ar 3:2"

背景是冰山，　　　　　　　　超写实和细致，　　　　　　宽高比为 3:2

（5）按回车键，Midjourney 创作出四张企鹅的自拍图片，如图 2-7-8 所示。

（6）单击 U2 按钮，升级放大第二张图片，如图 2-7-9 所示，可以看到，近处可爱顽皮的小企鹅非常清晰，远处的冰川相对比较模糊。

图 2-7-8

图 2-7-9

第 3 步：使用微距摄影关键提示词，创作摄影作品

（1）调用指令"/imagine"，输入英文提示词：

A snail is crawling on a vegetable leaf, macro photography --ar 4:3

一只蜗牛在菜叶上爬行，　　　　　　　微距摄影，宽高比为 4:3

（2）按回车键，Midjourney 创作出四张可爱的小蜗牛的图片，如图 2-7-10 所示。

（3）单击 U1 按钮，升级放大第一张图片，如图 2-7-11 所示，小蜗牛身上的纹理清晰可见，而背景的菜叶相对模糊虚化。

（4）使用微距摄影的关键提示词，控制 Midjourney 机器人再创作两张摄影作品。

◇想实现如图 2-7-12 所示的图片效果，可输入英文提示词：

A small bee standing on honeycomb, macro photography --ar 4:3

一只小蜜蜂站在蜂窝上，微距摄影，宽高比为 4:3

图 2-7-10

图 2-7-11

图 2-7-12

◇想实现如图 2-7-13 所示的图片效果，可输入英文提示词：

A blue butterfly on a yellow flower, macro photography --ar 4:3

站在黄色花朵上的一只蓝色蝴蝶，微距摄影，宽高比为 4:3

图 2-7-13

🔑 芝麻开门——常用景深、光圈、焦距、自拍与微距关键提示词

景深	depth of field, 简称 DOV	shallow depth of field	deep depth of field
	景深	浅景深	深景深
光圈	f/ 数值（例如，f/1.8 即光圈 f/1.8）		
镜头焦距	数值 mm lens，例如，35mm lens 即 35mm 镜头		
数码单反相机	Digital Single Lens Reflex Camera，简称 DSLR		
自拍	shot from selfie	take a selfie	GoPro selfie
微距摄影	macro photography	50 ～ 125mm lens	
	微距摄影	50 ～ 125mm 镜头	

 **任务升级**

绘图练习1：实现如图 2-7-14 所示的图片效果。

参考提示词：Full body shot capturing a Chinese loving mother with her two children in
全身照，一位慈爱的中国母亲带着她的两个孩子在自然的花园里，

nature garden, mother squatting down level with them, arms around them, faces
母亲蹲在她们身边， 搂着她们， 脸上

glowing with happiness, soft golden sunlight creating a warm and intimate atmosphere,
洋溢着幸福， 柔和的金色阳光营造出温馨、亲密的氛围，

portrait photography by Nikon digital SLR camera, 85mm portrait lens, shallow depth
尼康数码单反相机人像摄影，85mm 人像镜头，

of field, ultra-realistic and detailed, --ar 16:9
浅景深， 超写实和细致， 宽高比为 16:9

图 2-7-14

绘图练习2：实现如图 2-7-15 所示的图片效果。

参考提示词：GoPro selfie of a group of cats holding paddles on a boat, happy
GoPro 自拍，一群小猫在船上拿着桨，快乐又兴奋，

and excited, super realistic and detailed --ar 3:2

超写实和细致　　宽高比为 3:2

绘图练习 3： 实现如图 2-7-16 所示的图片效果。

参考提示词： A Rolex watch floating on the water, bright blue watch dial, macro

漂浮在水面上的劳力士手表，　　　　亮蓝色表盘，微距摄影，

photography --ar 4:3

宽高比为 4:3

图 2-7-15

图 2-7-16

第八讲　曝光与快门

 极速挑战

创作一组摄影作品：跃出海面的海豚，溅起水花的草莓与蓝莓，夜间城市的车灯轨迹，夜空星际，雪原极光，瞳孔中的落日城市。

> **技能升级**
>
> ✓ 创作出不同曝光效果的摄影作品
>
> ✓ 生成双重曝光的艺术照

知识一点通

1. 什么是曝光

曝光是指在摄影过程中，光线进入镜头照射在感光元件上的光量。拍照时，要考虑多少光线进入相机，不能太亮也不能太暗，刚好能拍出清晰的照片。因为摄影是用光作画的艺术，所以曝光效果在摄影中非常重要。

一张照片的曝光量是由通光时间（快门速度）、通光面积（光圈大小）和感光速度（感光度 ISO 值的高低）共同决定的。

感光度的关键提示词可以直接用 ISO 加数值进行描述，例如，ISO 100。

2. 什么是快门速度和曝光时间

快门是照相机机身上的拍摄按钮。在照相机中设定快门速度，是控制曝光时间的关键，也决定了曝光时间的长短。快门速度的单位是"秒"，例如，30s、15s、1s、1/2s，还有 1/30s、1/60s、1/125s，以及更快的 1/250s、1/500s、1/1000s，等等。比 1/60s 慢的叫慢门，可以通过长时间曝光来记录物体运动的轨迹。比 1/250s 快的叫高速快门，可以冻结高速运动物体的一瞬间。

3. 什么是多重曝光

多重曝光是一种摄影技术，以前常用在胶片摄影中。通过数码摄影的后期处理也可以实现多种曝光的效果。一些中高级数码相机也有多次曝光功能。它是通过两次或多次曝光，在同一张照片上重叠两个或多个图像，从而产生一种独特的艺术效果。这种技术常用于艺术摄影、广告摄影和创意摄影中，以增强作品的视觉冲击力和表达力。

🔓 分步解锁

第 1 步：使用高速快门曝光等关键提示词，创作摄影作品

（1）调用指令"/imagine"，输入英文提示词：

High speed exposure, shot of a dolphin jumping out of the ocean, taken from a ship,
高速曝光，　　　　　　海豚跃出海面的镜头，　　　　　　　　从船上拍摄，

sunny day, photo-realistic, hyper-realism --ar 3:2
阳光明媚的日子，照片般逼真，超现实主义，宽高比为 3:2

（2）按回车键，Midjourney 创作出海豚的四张图片，如图 2-8-1 所示。

（3）单击 U3 按钮，升级放大第三张图片，如图 2-8-2 所示，通过高速曝光捕捉到海豚跃出海面的一瞬间，其面貌表情和带起的水花清晰可见。

图 2-8-1

图 2-8-2

（4）使用高速曝光和快速快门等关键提示词，控制 Midjourney 再创作两张摄影作品。

✧ 想实现如图 2-8-3 所示的图片效果，可输入英文提示词：

Some strawberries falling into a glass bowl full of water, splashes, fast shutter speed,
一些草莓掉入装满水的玻璃碗里，　　　　　　　　　溅起水花，快速快门，

1/1000 sec shutter, --ar 3:2

1/1000s 快门，宽高比为 3:2

◇ 想实现如图 2-8-4 所示的图片效果，可输入英文提示词：

Some blueberries falling into a glass bowl full of water, splashes, high speed

一些蓝莓落入装满水的玻璃碗中，　　　　　　　　溅起水花，高速曝光，

exposure --ar 3:2

　　　　宽高比为 3:2

图 2-8-3　　　　　　　　　　　　　　图 2-8-4

第 2 步：使用慢门／长时间曝光等关键提示词，创作摄影作品

（1）调用指令"/imagine"，输入英文提示词：

A nighttime urban with trails of car lights and glowing skyscrapers, slow shutter

夜间城市，车灯轨迹和发光的摩天大楼，　　　　　　　　　较慢的快门速度，

speed, 30 sec shutter --ar 3:2

　　　　30 s 快门，宽高比为 3:2

（2）按回车键，Midjourney 创作出四张城市夜景下车灯轨迹的图片，如图 2-8-5 所示。

（3）单击 U2 按钮，升级放大第二张图片，如图 2-8-6 所示，通过慢门长时间曝光，捕捉到马路上穿梭的车流形成的车灯轨迹，显得非常壮观。

图 2-8-5

图 2-8-6

（4）使用长时间曝光的关键提示词"long exposure"，控制 Midjourney 再创作两张摄影作品。

✧ 想实现如图 2-8-7 所示的图片效果，可输入英文提示词：

Long exposure photography, photo of star trails over a calm river --ar 2:3

长时间曝光摄影，　　　　　平静河流上的星迹照片，　　　　　宽高比为 2:3

✧ 想实现如图 2-8-8 所示的图片效果，可输入英文提示词：

Long exposure photography, photo of northern lights over snow field at night --ar 16:9

长时间曝光摄影，　　　　　夜间雪原上空北极光的照片，　　　　　宽高比为 16:9

图 2-8-7

图 2-8-8

第3步：使用多重曝光关键提示词，创作摄影作品

（1）调用指令"/imagine"，输入英文提示词：

Double exposure portrait, shot of an eye of a woman merged with a sunset city --ar 3:2

双重曝光肖像，　　　　　一个女人的眼睛与落日城市相融合的照片，　　　宽高比为3:2

（2）按回车键，Midjourney 创作出四张瞳孔图片，如图 2-8-9 所示。

（3）单击 U3 按钮，升级放大第三张图片，如图 2-8-10 所示，女人眼睛瞳孔中落日城市的景象隐约可见。

图 2-8-9

图 2-8-10

（4）使用双重曝光的英文提示词，控制 Midjourney 再创作两张摄影作品。

✧ 想实现如图 2-8-11 所示的图片效果，可输入英文提示词：

Double exposure portrait, side profile of a beauty

双重曝光肖像，　　　　美女的侧面轮廓与

merged with a sunset city, white background

日落城市融合，　　　　白色背景

图 2-8-11

◇ 想实现如图 2-8-12 所示的图片效果，可输入英文提示词：

Double exposure portrait, a front view closeup shot of a beautiful woman merged

双重曝光肖像， 一个美女的前视图特写镜头，

with blue and purple colours in water colour style, white background --ar 3:4

与水彩风格的蓝色和紫色融合， 白色背景， 宽高比为 3:4

图 2-8-12

🔑 芝麻开门——常用曝光与快门关键提示词

high speed exposure	fast shutter speed	1/1000 sec shutter	double exposure	triple exposure
高速曝光	快速快门	1/1000s 快门	双重曝光	三重曝光
long exposure	slow shutter speed	30 sec shutter	multiple exposure	
长时间曝光	慢速快门	30s 快门	多重曝光	

绘图练习 1：实现如图 2-8-13 所示的图片效果。

参考提示词：Triple exposure portrait, three view of a beauty, including front shot,
三重曝光人像，　　　　美女三视图，　　　　包括正面、

left side profile and right side profile, white background --ar 16:9
左侧侧面和右侧侧面，　　　　　　白色背景，宽高比为 16:9

绘图练习 2：实现如图 2-8-14 所示的图片效果。

参考提示词：Spectacular long exposure photography, cars headlight trails on
壮观的长时间曝光摄影，　　　　　　夜间伦敦桥上的汽车前灯轨迹

London Bridge at night --ar 4:3
　　　　　　　　宽高比为 4:3

图 2-8-13　　　　　　　　　　　　　图 2-8-14

绘图练习 3：利用拓图功能，实现如图 2-8-15 所示的图片效果。

参考提示词：Shot from below, photo of Milky Way galaxy and starlight over a calm river
从下面拍摄，　夜晚平静河流上的银河系和星光，

at night, cloudless night sky, slow shutter speed,30 sec shutter --ar 2:3
晴朗无云的夜空，　慢速快门，　　30s 快门，宽高比为 2:3

图 2-8-15

第九讲　用光与光效

创作一组不同的用光和光效的美女摄影作品。

知识一点通

```
技能升级
✓ 创作出不同光影效果的人物摄影作品
✓ 创作出各种特定的光线氛围和特效的摄影作品
```

1. 正面光和派拉蒙光

正面光，也称顺光、平光，即拍照时太阳在摄影师的身后。机载闪光灯的照明也是这种光线。派拉蒙光是一种高位的正面光，也称对称式照明或蝴蝶光，是早期美国好莱坞电影厂拍女性影星惯用的布光方法。这个布光的命名，来自鼻子下所出现的蝴蝶形对称的影子。派拉蒙光的布光方法是主光源在镜头光轴上方，也就是在人物脸部的正前方，由上向下45°方向投射到人物的面部，能在脸部制造出面颊、眼窝与下巴的阴影，让人物脸部具有一定的层次感，它会更突出两颊颧骨，并且让面孔看起来更瘦，下巴更尖，以提升影星或模特的魅力。

2. 侧光和伦勃朗光

侧光也称边缘光，是由照相机两侧射向被拍摄主体的光线。侧光的位置变化比较多，运用侧光可以很好地表现被拍摄主体的层次、线条、空间感、立体感和轮廓线，使画面的色调和投影的变化更丰富。

伦勃朗光，又称45°侧光，这种光出现在上午九十点钟和下午三四点钟，被认为是人像摄影的最佳光线类型。伦勃朗光是一种专门用于拍摄人像的用光技术。拍摄时，被拍摄者脸部的阴影一侧对着相机，灯光照亮脸部的四分之三，鼻子的阴影会与侧边的阴影连在一起，造成立体的视觉感。这种用光方法拍摄的人像，酷似伦勃朗的人物肖像画，因而得名。伦勃朗是著名的荷兰画家，擅长运用精确的光线投射和阴影，使画面中的人物显得栩栩如生，并赋予作品一种独特的光影氛围。

3. 逆光

逆光，也称背面光，是指从被拍摄主体的后面与相机镜头相对的方向投射的光线。逆光可以产生剪影、眩光及光斑等特殊的艺术效果。在逆光照射下，被拍摄主体的结构细节被投影所隐没，周围边缘形成一道较亮的线条，轮廓的突出使其与背景相分离，能够较好地表现被拍摄主体的轮廓和空间感，使画面呈现较强的纵深感和立体感，因此也被叫作"轮廓光"。采用逆光的剪影摄影作品，可以创造出既简单又有表现力的高反差影像。

🔒 分步解锁

第 1 步: 使用正面光——派拉蒙光的关键提示词，创作人像摄影作品

（1）调用指令 "/imagine"，输入英文提示词：

A Chinese beautiful girl's face, Paramount lighting --ar 2:3

一个美丽的中国女孩的脸庞，派拉蒙光，宽高比为 2:3

（2）按回车键，Midjourney 创作出四张中国女孩的图片，如图 2-9-1 所示。

（3）单击 U2 按钮，升级放大第二张图片，如图 2-9-2 所示，美女鼻子下面出现的蝴蝶形对称阴影清晰可见。

第 2 步: 使用侧光——伦勃朗光的关键提示词，创作人像摄影作品

（1）调用指令 "/imagine"，输入英文提示词：

A Chinese beautiful girl's face, Rembrandt lighting --ar 2:3

一个美丽的中国女孩的脸庞，伦勃朗灯光，宽高比为 2:3

（2）按回车键，Midjourney 创作出四张图片，如图 2-9-3 所示。

（3）单击 U3 按钮，升级放大第三张图片，如图 2-9-4 所示，由于光线为右侧上方 45° 侧光，美女鼻子的阴影会与侧边的阴影连在一起，表现出很强的立体感。

图 2-9-1

图 2-9-2

图 2-9-3

图 2-9-4

第 3 步：使用逆光的关键提示词，创作人像摄影作品

（1）调用指令"/imagine"，输入英文提示词：

Full body shot of a ballet dancer, purple backlight --ar 9:16

一名芭蕾舞演员的全身照，　　　　紫色的背光，宽高比为 9:16

（2）按回车键，Midjourney 创作出四张图片，如图 2-9-5 所示。

（3）单击 U4 按钮，升级放大第四张图片，如图 2-9-6 所示，这名芭蕾舞演员的周围边缘形成一道较亮的线条，突出了演员的轮廓，表现出很强的空间效果。

图 2-9-5

图 2-9-6

第 4 步：使用特定光效的关键提示词，创作摄影作品

✧ 想实现如图 2-9-7 所示的电影灯光的图片效果，可输入英文提示词：

Shot from back view, half body shot of teenage couple with backpacks watching
背面视角拍摄，　　　　背着背包的青年情侣的半身照，

a beautiful waterfall between dense forest at sunset, cinematic lighting --ar 4:3
在日落时观看茂密森林之间的美丽瀑布，　　　　电影灯光，宽高比为 4:3

图 2-9-7

✧ 想实现如图 2-9-8 所示的戏剧灯光的图片效果，可输入英文提示词：

A Chinese beautiful girl sits in a Starbucks cafe, super realistic and detailed,
一个美丽的中国女孩坐在星巴克咖啡馆里，　　　　超写实和细致，

dramatic lighting --ar 3:2
戏剧灯光，　宽高比为 3:2

图 2-9-8

✧ 想实现如图 2-9-9 所示的赛博朋克灯光的图片效果，可输入英文提示词：

A Chinese beautiful girl's face, cyberpunk light effect --ar 16:9

一个美丽的中国女孩的脸庞，赛博朋克光效，宽高比为 16:9

✧ 想实现如图 2-9-10 所示的全息摄影光效的图片效果，可输入英文提示词：

A Chinese beautiful girl's face, holography light effect --ar 2:3

一个美丽的中国女孩的脸庞，全息摄影光效，宽高比为 2:3

图 2-9-9

图 2-9-10

芝麻开门——常用的用光与光效提示词

Paramount lighting	Rembrandt lighting	backlight	cinematic lighting
派拉蒙光（正面光）	伦勃朗光（侧光）	逆光/背光	电影灯光
dramatic lighting	cyberpunk light effect	holography light effect	
戏剧灯光	赛博朋克光效	全息摄影光效	

摄影中的光效千变万化，此处分享一个光效关键提示词网址：

https://github.com/willwulfken/MidJourney-Styles-and-Keywords-Reference/blob/main/Pages/MJ_V4/Style_Pages/Just_The_Style/Lighting.md。

 **任务升级**

绘图练习 1：实现如图 2-9-11 所示的图片效果。

参考提示词：

Side profile, full body shot of a couple standing facing
侧面轮廓，　全身照，一对夫妇面对面站着，

each other, nose to nose, blue backlight --ar 9:16
　　　鼻子对鼻子，蓝色背光，宽高比为 9:16

图 2-9-11

绘图练习 2：实现如图 2-9-12 所示的图片效果。

参考提示词：Tesla Cybertruck running on Mars, full shot, high detail, photorealistic,
特斯拉赛博卡车在火星上奔跑，　　　全景照，　高细节，　　逼真，

cinematic lighting --ar 16:9
电影灯光，宽高比为 16:9

图 2-9-12

第十讲　超广角、鱼眼、移轴、柔焦等特殊镜头

极速挑战

运用超广角镜头拍摄大象，运用鱼眼镜头拍摄考拉，运用移轴镜头拍摄悉尼歌剧院，运用柔焦镜头拍摄百乐宫喷泉灯光秀。

技能升级

✓ 创作超广角效果的摄影作品

✓ 创作鱼眼效果的摄影作品

✓ 创作移轴效果的摄影作品

✓ 创作柔焦效果的摄影作品

知识一点通

1. 超广角镜头

超广角镜头是一种焦距短于标准镜头、视角宽于人眼的特殊镜头。它的焦距范围通常是 $15 \sim 24mm$，视角为 $84° \sim 110°$。

超广角镜头主要用于拍摄大场景的风光照片，例如，草原、沙漠和大海等。由于焦距短，超广角镜头具有广阔的视野和较长的景深，能够产生明显的畸变效果，焦距越短，视野越宽，透视效果和畸变效果就越明显，因此可以利用超广角镜头创作畸变效果的摄影作品。

2. 鱼眼镜头

鱼眼镜头是一种焦距小于 16mm 且视角接近或等于 180° 的特殊镜头，它是一种极端的广角镜头，因为镜头前部的前镜片直径很短且呈抛物线状向外凸出，与鱼的眼睛相似，因此得名"鱼眼镜头"。

鱼眼镜头旨在展现超出人眼视野范围的广阔景象，其拍摄结果与真实世界的景象存在显著差异。使用鱼眼镜头时应注意，因其拍摄视角非常宽广，所以在构图时应选择适当的场景和主体，避免画面中出现过多的元素。另外，因为画面边缘会有很强的变形效果，所以应将想表现的主体尽量置于画面中央。

3. 移轴镜头

移轴镜头，又称透视调整镜头或移位镜头，是一种具备校正透视功能的特殊镜头。它利

用移动主光轴（倾斜或平移）进行拍摄，可以改变画面的透视和聚焦区域。移轴镜头主要用于修正普通广角镜头在拍摄时产生的透视变形问题，可以创造出微缩景观效果的摄影作品。

与普通镜头不同，移轴镜头被分为前后两部分。移轴镜头的光学系统的主光轴可以进行横向或纵向的移动调节，而在调节过程中相机机身与图像传感器平面的位置保持不变。通过调整前半部分的角度，可以控制某些区域清晰可见、某些区域模糊。

4. 柔焦镜头

柔焦镜头，又称柔光镜头或软焦点镜头，是一种特殊的摄影镜头，能够产生适度的图像虚化效果。它的基本结构与普通摄影镜头相似，但在设计时考虑了一些可控制的球面像差。

使用柔焦镜头进行聚焦时，被拍摄物体的每个清晰实像点都会被发散照明的晕圈所覆盖。与相机调焦不准确所得到的虚影效果截然不同，柔焦镜头通过刻意设计的球面像差，使得被拍摄物体既能保持焦点清晰，又具备柔和的效果。这种效果表现为圆形或六边形的光斑，有时还伴有明亮的边缘。这些光斑和边缘会使主体周围的图像变得模糊，营造出一种梦幻的氛围。

柔焦镜头的柔和效果，非常适合用于浪漫风光和人像摄影。此外，对于具有高反差的景物，柔和效果也尤为明显。

🔒 分步解锁

第 1 步：使用超广角镜头的关键提示词，创作摄影作品

（1）调用指令"/imagine"，输入英文提示词：

Front view of African elephant, African savannah background, super wide angle lens

非洲大象正面视角，　　　　　　　非洲大草原背景，　　　　　　　超广角镜头，

--ar 16:9

宽高比为 16:9

（2）按回车键，Midjourney 创作出四张图片，如图 2-10-1 所示。

（3）单击 U4 按钮，升级放大第四张图片，如图 2-10-2 所示，可以看到，在这头非洲大象的背后，草原的地平线的两端翘起，近处左右两边的草地也凸起。这就是超广角镜头带来的畸变效果。

图 2-10-1

图 2-10-2

第 2 步：使用鱼眼镜头的关键提示词，创作摄影作品

（1）调用指令"/imagine"，输入英文提示词：

Front view of a koala in the forest, fish eye lens --V4

森林中考拉的正面视角，　　　　　　鱼眼镜头，Midjourney V4 版本

（2）按回车键，Midjourney 创作出四张图片，如图 2-10-3 所示。

（3）单击 U1 按钮，升级放大第一张图片，如图 2-10-4 所示，可以看到，这只可爱的考拉周围的树木和地面都产生了非常明显的畸变效果。

提示：Midjourney 的 V4 版本相比 V5 及以上版本，鱼眼镜头的畸变效果更加明显。

第 3 步：使用移轴镜头的关键提示词，创作摄影作品

（1）调用指令"/imagine"，输入英文提示词：

Sydney Opera House, tilt shift lens --ar 3:2 --V4

悉尼歌剧院，　　　　　移轴镜头，宽高比为 3:2，Midjourney V4 版本

（2）按回车键，Midjourney 创作出四张图片，如图 2-10-5 所示。

（3）单击 U2 按钮，升级放大第二张图片，如图 2-10-6 所示。可以看到，这张图片的悉

尼歌剧院展示出人造微缩景观的效果。

　　提示：Midjourney 的 V4 版本的人造微缩景观的效果更强，而 V5 及以上版本的真实感更强。

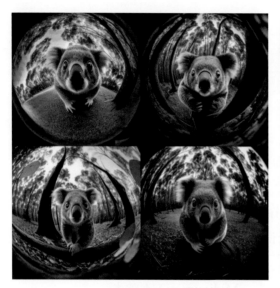

图 2-10-3

图 2-10-4

图 2-10-5

图 2-10-6

第 4 步：使用柔焦镜头的关键提示词，创作摄影作品

（1）调用指令"/imagine"，输入英文提示词：

Bellagio Hotel Fountain Lighting Show at night, shot from soft focus lens --ar 16:9 --V4
夜晚的百乐宫喷泉灯光秀，　　　　　　柔焦镜头拍摄，宽高比为 16:9，Midjourney V4 版本

（2）按回车键，Midjourney 创作出四张图片，如图 2-10-7 所示。

（3）单击 U2 按钮，升级放大第二张图片，如图 2-10-8 所示，在这张百乐宫酒店的灯光秀图片中，灯光映射下的喷泉，经过柔焦镜头的虚化处理后，呈现出了美轮美奂的梦幻效果。

图 2-10-7

图 2-10-8

🔑 芝麻开门——常用特殊镜头关键提示词

super wide angle lens	15 ～ 24mm lens	fish eye lens	fish eye photography
超广角镜头	15 ～ 24mm 镜头	鱼眼镜头	鱼眼摄影
tilt shift lens	tilt shift photography	soft focus lens	
移轴镜头	移轴摄影	柔焦镜头	

👑 任务升级

绘图练习 1：实现如图 2-10-9 所示的图片效果。

参考提示词：Full body shot of a sea crab, seaside beach background,
全身照，　一只海蟹，　　　　海边沙滩的背景，

super wide angle lens --ar 16:9
超广角镜头，　　宽高比为 9:16

绘图练习 2：实现如图 2-10-10 所示的图片效果。

参考提示词：Front view of a tiger in the forest, fish eye lens
正面视角，森林里的一只老虎，　　鱼眼镜头

图 2-10-9

图 2-10-10

绘图练习 3：实现如图 2-10-11 所示的图片效果。

参考提示词：Roman Colosseum at sunset and some visitors, tilt shift photography

日落时的罗马斗兽场和一些游客，　　　　　移轴摄影，

--ar 3:2

宽高比为 3:2

图 2-10-11

绘图练习 4：实现如图 2-10-12 所示的图片效果。

参考提示词：Closeup, a tulip bush, sunny day, soft focus lens --ar 16:9

特写镜头，一丛郁金香，晴天， 柔焦镜头，宽高比为 16:9

图 2-10-12

第三章

金戈入梦——Midjourney 绘画实战

当你满身披挂着各种武器装备，驰骋在这斑斓的世界里，你是否有了脱胎换骨的底气？是否想把这些装备一字排开，逐个施展72变的魔法？

那么，来吧，追逐你心中的梦想，一路行云流水，妙笔生花……

第一讲　用 ChatGPT 设计一个 Midjourney 提示词生成器

极速挑战

使用 ChatGPT 设计一个 Midjourney 提示词生成器，再根据绘画主题批量生成英文提示词，画一张炫酷的概念跑车渲染草图。

知识一点通

ChatGPT（Chat Generative Pre-trained Transformer），是由美国 OpenAI 公司研发的聊天机器人程序，于 2022 年 11 月 30 日发布。

技能升级

✓ 针对 Midjourney 的英文提示词进行结构化设计

✓ 使用 ChatGPT 的提示词，设计一个 Midjourney 提示词生成器

✓ 使用 "/shorten" 指令对 Midjourney 英文提示词进行有效性分析

ChatGPT 是一种强大的人工智能语言模型，旨在理解和生成自然语言文本。它可以用于各种任务，例如，回答问题、生成文本、提供建议和互动对话。它具有出色的语言理解能力，可以与用户进行自然而流畅的文字交流，回应各种问题。

ChatGPT 能够通过自主学习不断提高自身能力，广泛应用于客服、虚拟聊天、自然语言处理、机器翻译等领域，将大幅提高相应系统的智能化水平和服务体验。

ChatGPT 目前也存在一些问题，例如，对政治、宗教、种族等敏感话题的回答可能会带有一定的主观色彩；同时由于 ChatGPT 的知识库更新时间具有一定的滞后性，其回答可能无法反映最新的研究成果和时事信息。

针对 Midjourney 的文本提示词进行结构化设计，可使 ChatGPT 设计的 Midjourney 提示词生成器的输出结果能够满足 Midjourney 文本提示词的结构化要求。

🔓 分步解锁

第 1 步：Midjourney 文本提示词的结构化设计

文本提示词的结构主要包括五部分：主题、环境、氛围、风格和实现的媒介 / 构图。

◇ 主题，例如，人物、动物、物体、建筑、地点等。例如，an African elephant（一只非洲大象）。

◇ 环境，例如，室内、室外、城市、田野、水下、月球等。例如，

A shallow water lake, surrounding the scene are dense vegetation along the lake
一个浅水湖泊，　　　　周围是湖岸边的茂密植被

shore and distant mountains
　　　和远处的山脉

◇ 氛围，例如，光线、照明、情绪、感受、颜色、气氛等。例如，a serene and mysterious atmosphere（宁静和神秘的氛围）。

◇ 风格，例如，摄影、绘画、插图、雕塑、涂鸦、卡通等。例如，photography（摄影）。

◇ 实现的媒介 / 构图，例如，照相机的型号、光圈、感光度（ISO）和快门速度的设置、绘画材料、画布、特写、鸟瞰图等。例如，wide-angle lens（广角镜头）。

（1）调用指令"/imagine"，输入英文提示词：

An African elephant is crossing a shallow water lake, its colossal body creating ripples
一只非洲大象正在穿越浅水湖泊，　　　　　　　　它的庞大身躯在水中留下波纹，

in the water, and the water column it sprays diffuses into mist under the sunlight.
　　　　它喷出的水柱在阳光下散发出雾气。

Surrounding the scene are dense vegetation along the lake shore and distant mountains,
周围是湖岸边的茂密植被和远处的山脉，

creating a serene and mysterious atmosphere. Photography, wide-angle lens, --ar 16:9
营造出宁静和神秘的氛围。　　　　　　　　摄影，　　　广角镜头，宽高比为 16:9

（2）按回车键，Midjourney 创作出四张图片，如图 3-1-1 所示。

An African elephant is crossing a shallow water lake, its colossal body creating ripples in the water, and the water column it sprays diffuses into mist under the sunlight. Surrounding the scene are dense vegetation along the lake shore and distant mountains, creating a serene and mysterious atmosphere. Photography, wide-angle lens, --ar 16:9 --v 5.2 - @Ada (relaxed)

图 3-1-1

第 2 步：使用 ChatGPT 的提示词，设计一个 Midjourney 提示词生成器

（1）Midjourney 提示词生成器的设计目标：每次输入一段绘画主题的中文或英文短语，就输出三段不同的 Midjourney 中英文对照文本提示词，其输出的格式遵循第 1 步中已设计好的 Midjourney 文本提示词的结构。

（2）一段较好的 ChatGPT 提示词的设计模版，包括四部分：角色扮演、输出文本的结构与格式、输出文本的基本要求与准则、输出文本的示例。

其中，"输出文本的结构与格式"和"输出文本的示例"，采用第 1 步中的 Midjourney 文本提示词结构化设计的结果。

（3）ChatGPT 既可以理解英文，也可以理解中文。

◇ 英文提示词设计模板

I am using an AI image generator called Midjourney. I want you to act as Midjourney prompt generator. I will give you a subject I want to generate. Your task is to generate appropriate prompts under different circumstances for Midjourney to generate an image.

Please adhere to the structure and formatting as below:

Structure:

[1] = 一只非洲大象

[2] = a detailed description of [1] with specific imagery details.

[3] = a detailed description of the scene's environment.

[4] = a detailed description of the scene's mood, feelings, lighting, color and atmosphere.

[5] = A style (e.g. photography, painting, illustration, sculpture, artwork, cartoon, 3D, etc.) for [1].

[6] = A description of how [5] will be executed (e.g. camera model, settings for aperture, ISO, and shutter speed, painting materials, rendering engine settings, UHD, closeup, birds-eye view, etc.).

[ar] = Use "--ar 16:9" or "--ar 3:2" for horizontal images, use "--ar 9:16" or "--ar 2:3" for vertical images, use "--ar 1:1" for square images.

Formatting:

Follow this prompt structure: "/imagine prompt: [1], [2], [3], [4], [5], [6], [ar]".

Your task: Create 3 distinct prompts for each subject [1], varying in description, environment, atmosphere, and realization, and follow these guidelines:

- Write your prompts in Chinese, after that, translate this prompt to English in a new line.

- Write each prompt in one line without using return.

- Separate different prompts with two new lines.

- Do not use the words "description" or ":" in any form.

- Do not describe unreal subjects as "real" or "photographic".

- Do not place a comma between [ar].

Example Prompts:

Prompt 1:

/imagine prompt: 一只非洲大象正在穿越浅水湖泊，它的庞大身躯在水中留下波纹，它喷出的水柱在阳光下散发出雾气。周围是湖岸边的茂密植被和远处的山脉，营造出宁静和神秘的氛围。摄影，广角镜头，宽高比为 16 ： 9

/imagine prompt: An African elephant is crossing a shallow water lake, its colossal body creating ripples in the water, and the water column it sprays diffuses into mist under the sunlight. Surrounding the scene are dense vegetation along the lake shore and distant mountains, creating a serene and mysterious atmosphere. Photography, wide-angle lens --ar 16:9

✧ 中文提示词设计模板

我正在使用一个名为 Midjourney 的人工智能图像生成工具。我希望你扮演 Midjourney 的提示词生成器。我会提供给你一个我想要的绘画主题。你的任务是在不同的情况下生成适当的提示词，以便 Midjourney 生成出图像。

请遵守以下提示词的结构和格式。

提示词的结构：

[1] = 一只非洲大象

[2] = [1] 的详细描述及具体图像的细节。

[3] = 场景环境的详细描述。

[4] = 对场景环境的情绪、感受、灯光、色彩和气氛的详细描述。

[5] = [1] 的风格（例如，摄影、绘画、插图、雕塑、艺术品、卡通、3D 等）。

[6] = 如何实现 [5] 的描述（例如，照相机的型号、光圈、ISO 和快门速度的设置，绘画材料、渲染引擎设置、超高清、特写、鸟瞰图等）。

[ar] = 对于水平图像使用 "--ar 16:9" 或 "--ar 3:2"，对于垂直图像使用 "--ar 9:16" 或 "--ar 2:3"，对于方形图像使用 " --ar 1:1"。

提示词的格式：

遵循以下提示词的格式："/imagine prompt ：[1], [2], [3], [4], [5], [6], [ar]"。

你的任务是：为每个主题 [1] 创建 3 个不同的提示词，其具体的描述、环境、氛围和实现方式各不相同，并遵循以下的准则：

- 使用中文写提示词，然后另起一行，将此提示词翻译成英文。

- 将每个提示词写在一行中，中间不使用回车键。

- 用两个新行分隔开不同的提示词。

- 请勿以任何形式使用"description"或":"等词语。

- 不要将不真实的主题描述为"real"或"photographic"。

- 不要在 [ar] 之间放置逗号。

提示词示例：

Prompt 1:

/imagine prompt: 一只非洲大象正在穿越浅水湖泊，它的庞大身躯在水中留下波纹，它喷出的水柱在阳光下散发出雾气。周围是湖岸边的茂密植被和远处的山脉，营造出宁静和神秘的氛围。摄影，广角镜头，宽高比为 16 ：9

/imagine prompt: An African elephant is crossing a shallow water lake, its colossal body creating ripples in the water, and the water column it sprays diffuses into mist under the sunlight. Surrounding the scene are dense vegetation along the lake shore and distant mountains, creating a serene and mysterious atmosphere. Photography, wide-angle lens --ar 16:9

第 3 步：创建一个 ChatGPT 的聊天室，命名为"Midjourney 提示词生成器"

（1）注册并登录网站：chat.openai.com，使用免费的 ChatGPT3.5 版本，单击左上角的"+ New chat"，添加一个新的聊天室，如图 3-1-2 所示。

注意：如何注册和登录 ChatGPT，请自行学习。

（2）单击 ChatGPT 界面下方的输入框，根据自己的语言习惯，输入第 2 步设计模板的 ChatGPT 的英文提示词或者中文提示词。ChatGPT 既可以理解英文，也可以理解中文。

（3）按回车键后，稍等片刻，ChatGPT 就输出了三段中英文对照的 Midjourney 的文本提示词。

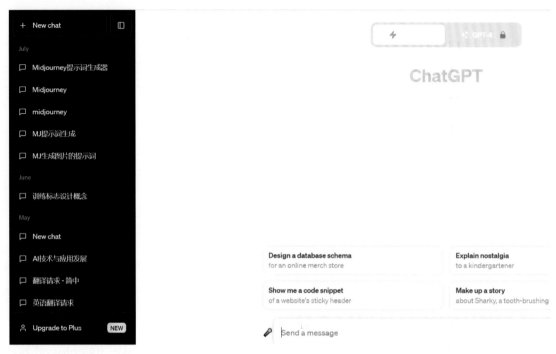

图 3-1-2

提示词 1

/imagine prompt: 一只沉睡的非洲大象，它蜷曲着身体，长长的鼻子轻轻地垂在地面上。周围是茂密的丛林，阳光透过树叶洒下斑驳的光影，营造出神秘而宁静的氛围。绘画，油画材料，细腻的笔触，宽高比为 3 ： 2

/imagine prompt: A sleeping African elephant, curled up with its long trunk gently resting on the ground. Surrounding it is a dense jungle, with sunlight filtering through the leaves, casting dappled shadows and creating a mysterious and tranquil atmosphere. Painting, oil painting materials, delicate brushstrokes --ar 3:2

提示词 2

/imagine prompt: 一只正在狂奔的非洲大象，它高昂的头颅和卷曲的象牙映衬在夕阳的余晖中。周围是广阔的草原和一望无际的天空，仿佛要将大自然的力量和壮丽尽收眼底。插

图，水彩画效果，明亮鲜艳的色彩，宽高比为 1 ∶ 1

/imagine prompt: A charging African elephant, with its majestic head held high and curved tusks illuminated by the glow of the setting sun. Surrounding it are vast grasslands and an endless sky, capturing the immense power and grandeur of nature. Illustration, watercolor painting effect, vibrant and vivid colors --ar 1:1

提示词 3

/imagine prompt: 一只孤独的非洲大象站在一座雄伟的山峰之巅，周围是云雾缭绕的峰峦和苍茫的天空。它身上的纹路勾勒出岁月的痕迹，昭示着它的智慧和坚韧。雕塑，大理石材质，精细的纹理，宽高比为 9 ∶ 16

/imagine prompt: A solitary African elephant standing atop a majestic mountain peak, surrounded by swirling clouds and a vast sky. The patterns on its body trace the marks of time, symbolizing its wisdom and resilience. Sculpture, marble material, intricate textures --ar 9:16

（4）单击左上方的"New chat"聊天室，单击该聊天室右边的红色图标，如图 3-1-3 所示，将这个聊天室的名称改为"Midjourney 提示词生成器"。

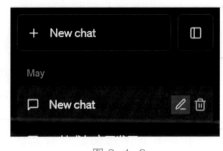

图 3-1-3

（5）单击 ChatGPT 界面下方的输入框，输入一个绘画的主题：一辆非常炫酷的概念车渲染图。按回车键后，稍等片刻，ChatGPT 输出了三段概念车渲染图的中英文对照的 Midjourney 文本提示词。

（6）登录 Discord 界面，调用指令"/imagine"，分别输入这三段英文提示词，Midjourney 就开始绘图了。

提示词 1：A very cool concept car rendering sketch showcasing a bold design
一个非常酷的概念车渲染草图，　　　　　　展示了大胆的

style and a unique appearance. The body features sleek and dynamic lines,
设计风格和独特的外观。　　　　车身线条流畅、动感，

finished in a vibrant orange exterior paint that exudes vitality and energy.

外饰采用充满活力的橙色涂装，散发着活力与能量。

There are exaggerated gull-wing doors on the roof, adding a sense of fashion and luxury.

车顶有夸张的鸥翼门，　　　　　　　　　　增添了时尚奢华感。

The wheels have intricate and dynamic designs, equipped with high-performance

车轮采用复杂而动感的设计，　　　　　　　配备高性能轮胎，

tires, enhancing the overall sportiness of the design. Drawing, pencil sketch --ar 3:2

　　　增强了设计的整体运动感。　　　　　　　素描、铅笔素描，宽高比为 3:2

提示词 2：A very cool concept car rendering sketch showcasing futuristic design

　　　　　　一个非常酷的概念车渲染草图，　　　展示了未来派的设计

elements and a unique appearance. The body features sleek and dynamic lines with

　元素和独特的外观。　　　　　车身线条流畅动感，

sharp edges and curves. There is an exaggerated transparent glass canopy on the roof,

棱角分明，曲线鲜明。　车顶设有夸张的透明玻璃天篷，

allowing the driver to enjoy the surrounding scenery. The car is finished in a silver

可以让驾驶员欣赏周围的风景。　　　　　　该车采用银色金属

metallic texture, reflecting the light from the environment. The wheels are uniquely

质感，　　　　　反射来自环境的光线。　　　　　　车轮设计独特，

designed with large-sized rims and low-profile tires, adding a sense of sportiness.

采用大尺寸轮圈和低断面轮胎，　　　　　　增添运动感。

3D, rendering engine --ar 16:9

3D，渲染引擎，宽高比为 16:9

提示词 3：A super cool concept car is parked on the surface of the moon, with

　　　　　　一辆超酷的概念车停在月球表面，

a unique and futuristic design, and the wheels resting on gray lunar soil,

设计独特且充满未来感，　　车轮停在灰色的月球土壤上，

while stars and the Earth hang in the sky. Creating a mysterious and fantastical
而星星和地球则悬挂在天空中。 创造了一个神秘而奇幻的

environment. 3D modeling, realistic materials and lighting effects --ar 3:2
环境。 3D 建模, 真实材质和灯光效果, 宽高比为 3:2

出图效果分别如图 3-1-4、图 3-1-5、图 3-1-6 所示。

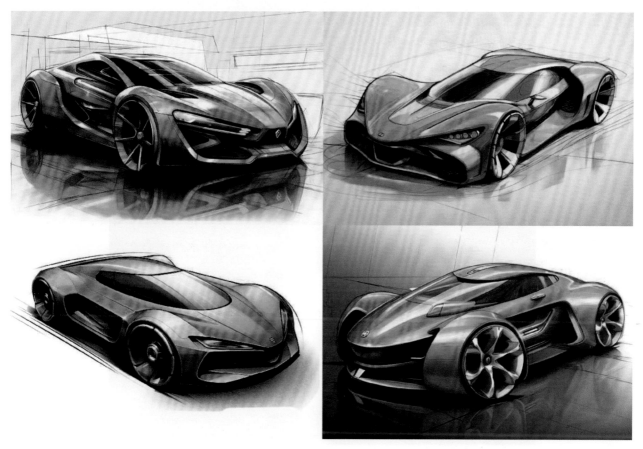

图 3-1-4

图 3-1-5

图 3-1-6

至此，ChatGPT 训练的一个 Midjourney 提示词生成器就完成了。使用这个聊天室，只要输入不同的绘画主题，就可以不断输出各种 Midjourney 的文本提示词。

第 4 步：使用"/shorten"指令，对英文提示词进行有效性分析

指令"/shorten"可以帮助分析一段英文提示词的有效性，指导我们去除一些无效的文字，进一步改进提示词。

（1）登录 Discord 平台，调用指令"/shorten"，在这个指令后面输入第 3 步 ChatGPT 生成的概念车渲染图的第三段英文提示词：

A super cool concept car is parked on the surface of the moon, with a unique and futuristic design, and the wheels resting on gray lunar soil, while stars and the Earth hang in the sky. Creating a mysterious and fantastical environment. 3D modeling, realistic materials and lighting effects。

（2）按回车键，弹出一个对话框，显示对这段英文提示词的分析结果，如图 3-1-7 所示，可以看出那些加重字体的单词对绘画起到了较大的作用，而那些画线的单词则没有对绘画发挥作用。

图 3-1-7

（3）单击下方的"Show Details"展示细节按钮，Midjourney 就回复了一个更详细的提示词分析数据，并提供了一个可视化的柱状图，如图 3-1-8 所示，可以看到在一些关键提示词后面都注明了权重值，柱状图可以非常直观地显示出"moon"和"car"关键词的权重最高，对绘画影响最大，而"earth"（地球）则根本没有起到作用，因此在图 3-1-6 中，背景天空中就没有出现地球。

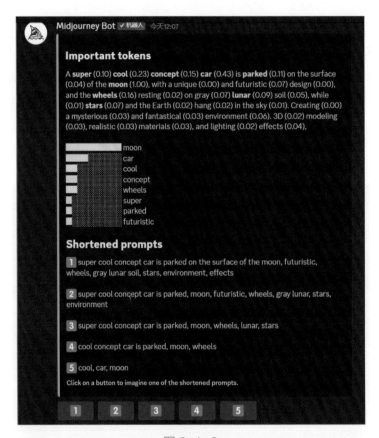

图 3-1-8

（4）为了让地球出现在背景天空中，改写提示词：

A super cool concept car is parked on the surface of the moon, with a unique

一辆超酷的概念车停在月球表面，

and futuristic design, and the wheels resting on gray lunar soil, stars and the Earth
设计独特且充满未来感，车轮停在灰色的月球土壤上，

in the sky background, mysterious and fantastical lighting effect. 3D modeling,
天空背景下的星星和地球，神秘奇幻的灯光效果。　　　　　3D 建模，

realistic materials, UHD --ar 3:2
真实材质，超高清，宽高比为 3:2

（5）调用"/imagine"指令，输入上述英文提示词。出图效果如图 3-1-9 所示，可以看到一辆炫酷的概念车停在月球表面，地球作为背景出现在浩瀚的星空中。

图 3-1-9

🔑 芝麻开门——使用 ChatGPT 设计一个 Midjourney 提示词生成器

（1）设计目标：每次输入一段绘画主题的中文或英文短语，就输出三段不同的 Midjourney 中英文对照的文本提示词。

（2）设计模版：

➢ 角色扮演

➢ 输出文本的结构（主题、环境、氛围、风格和实现的媒介／构图）与格式

➢ 输出文本的基本要求与准则

➢ 输出文本的示例

小技巧：当使用 Midjourney 提示词生成器时，ChatGPT 有时会忘记输出中英文对照的文本提示词，当 ChatGPT 只输出一种语言的 Midjourney 文本提示词时，可以通过 ChatGPT 界面下方的输入框，输入："请翻译成中文"或者"请翻译成英文"即可。另外，如果不满意 ChatGPT 所生成的三段提示词，还可以输入："请再提供另外三组提示词"，ChatGPT 就会再生成三段提示词供选择。

👑 任务升级

绘图练习：使用 ChatGPT 生成三段 Midjourney 的文本提示词。画一只彩色素描艺术风格的猫头鹰，并分别在 Midjourney 中输入以下三段提示词进行创作。

参考提示词 1：A minimalist and colorful sketch art piece unfolds before your eyes, depicting an owl standing on a branch. The artist uses clean lines to outline the owl's silhouette and the texture of the branch, with each stroke precise and expressive. The artwork is accentuated with bright colors, highlighting the owl's elegance and liveliness. Its eyes reveal agility and alertness. The artwork presents the harmonious coexistence of the owl and nature in a minimalist way, evoking a sense of calmness and serenity. Painting, colored sketch --ar 2:3

参考提示词 2：A colorful sketch art piece unfolds before your eyes, depicting a magnificent and vibrant owl. The artist employs delicate lines to outline the owl's mystery and elegance, with each stroke conveying its strength and wisdom. The owl's feathers are adorned with bright colors, creating a striking contrast and captivating visual effect. Its eyes are deep and sharp, exuding a sense of vigilance and intelligence. This sketch art piece brings visual delight and inspires contemplation about the mysterious and marvelous beauty of the natural world. Painting, colored pencils -- ar 3:2

参考提示词 3：A colorful sketch art piece unfolds before your eyes, depicting a magnificent owl. The artist employs intricate lines to outline the owl's mystery and nobility, with each stroke exuding its majesty and elegance. The owl's feathers are adorned with splendid and vibrant colors, presented in a harmonious and distinct palette, delivering a powerful visual impact. Its eyes are deep and bright, as if peering into the soul. This sketch art piece brings visual delight and inspires awe for nature. Painting, colored sketch

参考效果图分别如图 3-1-10、图 3-1-11、图 3-1-12 所示。

图 3-1-10

图 3-1-11

图 3-1-12

第二讲　Logo 设计

为一个即将开业的咖啡店设计创作不同风格的 Logo。

知识一点通

Logo 是"Logotype"一词的简称，其中文的意思是"标志"。Logo 是表明事物特征的记号，例如，商标、企业标志、交通标志、安全标志、操作标志、公司及个人的图章，等等。Logo 的直观、形象和无语言文字障碍等特性，成为人类视觉沟通最有效的手段之一，在各种社会商业活动和国际交流中无处不在。

技能升级

✓ 设计简洁风格的 Logo

✓ 设计点－线－面各种艺术造型的 Logo

✓ 设计不同颜色的 Logo

✓ 设计不同艺术风格的 Logo

✓ 使用 ChatGPT 生成 Logo 设计的相关提示词

一、Logo 设计遵循的四个基本原则

Logo 可以由图形、文字或者图形与文字组合而成。一个好的 Logo 设计遵循以下四个基本原则，如图 3-2-1 所示。

1. 简洁／可视性

美国 Logo 设计大师保罗·兰德（Paul Rand）说过，一个 Logo 即是极简主义的缩影。

简洁包括颜色、形状、线条等各个方面，关于简洁的 Logo，最成功的案例就是 Nike ✓ 。过于复杂的细节，

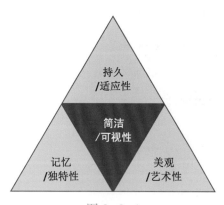

图 3-2-1

影响信息传达的速度，会产生视觉沟通的障碍。

可视性是指 Logo 是否容易引起受众的注意或容易被看到。

简洁和可视性是相辅相成、互为表里的。随着商业竞争的日趋激烈，一个品牌能在众多品牌中让人最先注意并辨认出来，是非常重要的。简洁和可视性强的公司 Logo 会在无形中增加品牌的曝光度，能变相节省广告费用的投入。

2. 持久 / 适应性

Logo 与广告或其他宣传品不同，它一般使用时间以"年"为单位，都具有长期的使用价值，不会轻易改动。一个优秀的 Logo 设计最好能 10 年、20 年、甚至上百年都屹立不倒。像中国道家的太极图、印度佛教的万字符、基督教的十字架都是传承了上千年的超级标志，持久性很强。

一个公司的 Logo 需要长时间、在不同的应用空间和不同文化受众人群中都具有良好的适应性。大到工地围挡、楼体广告，小到名片、App 图标、视频号头像，公司 Logo 无论应用在户外广告牌或应用在名片上，都一样要让受众容易辨识、记忆和喜爱。同时，不同文化背景的族群看到 Logo 都不会产生歧义和误解，例如，🍎（苹果公司）、✚（红十字会）就具有最广泛的适应性。

持久性最大的敌人就是流行，流行的事物通常持续不了多久，这也决定了我们在 Logo 的设计中，不宜追求短期的时髦性设计，不宜使用"最时尚"的图形、颜色、字体或者"最炫酷"的设计风格。

3. 记忆 / 独特性

一个公司 Logo 的终极目标就是不被遗忘。当人们需要你所提供的产品和服务时，可以立刻想到你的 Logo。优秀的 Logo 设计能让人过目不忘，不过想要做到这点难度可不小。通常，记忆性是指设计的 Logo 能够做到让客户再次见到时，回忆起这个品牌，或者回忆起这个品牌所提供的产品或服务。

独特性是指 Logo 需要做到与众不同，以便与其他竞争对手形成区分，使它在众多竞争对手的 Logo 中能够脱颖而出，不被混淆。一个 Logo 要想做到易于记忆和不被混淆，通常都是人们熟悉和喜爱的图形或文字，并且色彩强烈醒目、图形简洁清晰。因为你的公司是独一无二的，有着独特的企业文化和独特的产品服务及市场营销理念，所以在设计 Logo 标志时必须体现出鲜明的公司特色。例如，抖音 Logo 的音符标志，既易于理解与记忆，又能体现与众不同的独特性。

4. 美观 / 艺术性

Logo 应该具有某种程度的艺术性，使其既符合实用要求，又符合美学原则。艺术性强的 Logo 能够更加吸引和感染人，给人以强烈和深刻的印象。心理学上有一个美即好的效应，就是对一个外表英俊、漂亮的人，人们很容易误认为这个人的其他方面也都不错。相同质量的产品，人们往往更愿意购买包装精美的那一个。这是一个"看脸"的时代，企业的 Logo 就是这家公司最重要的"脸"。一个精心设计的赏心悦目的 Logo，也体现了这家公司对客户美感需求的满足与尊重。

提醒：公司 Logo 的设计目的是激发目标受众的喜爱与认同感，提升公司品牌的知名度与美誉度。因此，Logo 艺术风格的选择必须与公司品牌的内涵与调性高度一致，切忌为了艺术而艺术。

二、Logo 设计的颜色选择与情绪表达

公司选择 Logo 的色彩时，通常会考虑公司需要向自己的目标客户传递什么样的情感，使用不同的色彩会唤起目标受众特定的情感。以最常用的两种颜色为例：红色和蓝色。红色代表激情和进取，消费类、体育类品牌的公司 Logo 多选红色，例如，麦当劳和李宁的 Logo。蓝色代表理性与信赖，科技类和商业类品牌的公司比较喜欢选择蓝色 Logo，例如，IBM 和中国移动的 Logo。

如表 3-2-1 所示为不同颜色的含义及情绪表达。

表 3-2-1

颜色	含义及情绪表达
红色	热情奔放、勇气斗志、危险警示、喜庆、中国传统
蓝色	沉稳、冷静、理智、梦幻、忧郁、科技、商务
绿色	青春健康、生命、希望、安全、和平、自然环保
黄色	财富、丰收、高贵、辉煌、温暖、阳光、活泼、幼稚
青色	干净、清澈、清爽、古朴、伶俐、东方传统
紫色	尊贵、华丽、浪漫、神秘、魔幻、帝王、女性
棕色	质朴、敦厚、可靠、高级、保守、大地、树木
黑色	神秘、庄严、力量、沉着、邪恶、压抑、悲伤
白色	纯洁、简洁、光明、朴素、雅致、寒冷、严峻

注意：通常在 Logo 设计中，要考虑简洁/可视性原则，所以同时使用的颜色不超过三种。

🔓 分步解锁

第 1 步：使用简洁风格的关键提示词设计一个 Logo

设计某主题 Logo 的基础提示词："Logo design for [subject]""Design a Logo for [subject]"。使用白色背景的提示词 white background，便于后期制作时抠图。

（1）调用"/settings"指令，选择 Midjourney Model V5.2 或者 Niji Model V5 版本，同时单击"Remix mode"按钮，使其变为绿色。另外，单击"High Variation Mode"按钮，以便生成各种风格变化的 Logo 作品，如图 3-2-2 所示。

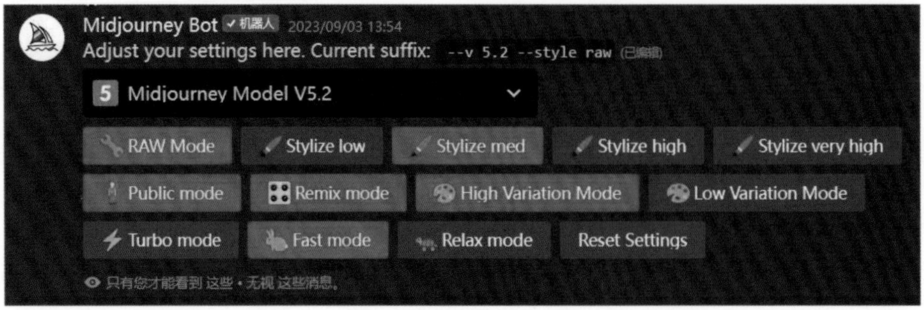

图 3-2-2

（2）调用"/imagine"指令，输入英文提示词：

Minimalist Logo design for a coffee shop, white background --chaos 50

一个咖啡店的极简主义 Logo 设计，　　　　白色背景，　　　　混沌参数值 50

（3）按回车键，Midjourney 创作出四张图片，如图 3-2-3 所示。

（4）单击重画按钮，又创作出四张备选图片，如图 3-2-4 所示。

图 3-2-3　　　　　　　　　　　　　　图 3-2-4

（5）考虑到杯子的造型具有更广泛的适应性且简洁，选择第二张图片中的杯子进行下一步创作。单击 V2 按钮，弹出一个对话框，在对话框中改写提示词：

Minimalist vector Logo design for a coffee shop, 2D flat, white background --chaos 50
一个咖啡店的极简矢量 Logo 设计，　　　　　　　2D 平面，白色背景，混沌参考值 50

（6）单击"提交"按钮，在第二张图片的基础上生成了四张变化图，如图 3-2-5 所示。

（7）单击 U3 按钮，升级放大第三张图片，作为进一步精细加工的 Logo 设计底图，如图 3-2-6 所示。

　　　　　图 3-2-5　　　　　　　　　　　　　　　　图 3-2-6

第 2 步：运用点 - 线 - 面等各种艺术造型的关键提示词，设计不同的 Logo 造型

继续以设计一个咖啡店 Logo 为例，在点 - 线 - 面造型艺术的关键提示词中，各选用三个提示词，控制 Midjourney 创作出以下的 Logo 图例，展示不同艺术造型的出图效果。

（1）点造型。

◇想实现如图 3-2-7 所示的图片效果，可输入英文提示词：

Minimalist vector Logo design for a coffee shop, dots art, 2D flat, white background
咖啡杯的极简矢量 Logo 设计，　　　　点型艺术，2D 平面，白色背景

◇想实现如图 3-2-8 所示的图片效果，可输入英文提示词：

Minimalist vector Logo design for a coffee cup, colorful dots art, 2D flat,
咖啡杯的极简矢量 Logo 设计，　　　　　　　　　　彩色点型艺术，2D 平面，

white background --chaos 30
白色背景，混沌参数值为 30

图 3-2-7　　　　　　　　　　　　　　　　　　图 3-2-8

◇想实现如图 3-2-9 所示的图片效果，可输入英文提示词：

Minimalist vector Logo design for a coffee cup, pixel art style, 2D flat,
咖啡杯的极简矢量 Logo 设计，　　　　　　　　　　像素艺术风格，2D 平面，

white background --chaos 30
白色背景，混沌参数值为 30

图 3-2-9

（2）线造型。

◇想实现如图 3-2-10 所示的图片效果，可输入英文提示词：

Minimalist vector Logo design for a coffee cup,
咖啡杯的极简矢量标志设计，

line art design, thick lines, 2D flat, white background
线条艺术设计，粗线，2D 平面，白色背景，

--chaos 30
混沌参数值为 30

◇想实现如图 3-2-11 所示的图片效果，可输入英文提示词：

图 3-2-10

Minimalist vector Logo design for a coffee cup, bold outline icon with yellow highlight,
咖啡杯的极简矢量 Logo 设计，　　　　　　　　粗体轮廓图标带有黄色主题色，

2D flat, white background --chaos 50
2D 平面，白色背景，混沌参数值为 50

✧想实现如图 3-2-12 所示的图片效果，可输入英文提示词：

Minimalist vector Logo design for a coffee cup, Chinese ink line art design, 2D flat,
咖啡杯的极简矢量 Logo 设计，　　　　　　　　中国水墨线条艺术设计，　　2D 平面，

white background --chaos 50
白色背景，混沌参数值为 50

图 3-2-11　　　　　　　　　　　　　　　　图 3-2-12

（3）面造型。

✧想实现如图 3-2-13 所示的图片效果，可输入英文提示词：

Minimalist vector Logo design for a coffee cup, triangle design, 2D flat,
咖啡杯的极简矢量 Logo 设计，　　　　　　　　三角形设计，　　2D 平面，

white background --chaos 30
白色背景，混沌参数值为 30

◇想实现如图 3-2-14 所示的图片效果，可输入英文提示词：

Minimalist vector Logo design for a coffee cup, diamond design, 2D flat,
咖啡杯的极简矢量 Logo 设计，　　　　　　　　　菱形设计，2D 平面，

white background --chaos 30
白色背景，混沌参数值为 30

图 3-2-13　　　　　　　　　　　　图 3-2-14

◇想实现如图 3-2-15 所示的图片效果，可输入英文提示词：

Minimalist vector Logo design for a coffee cup,
咖啡杯的极简矢量 Logo 设计，

squared with round edges mobile app Logo design,
方形圆角的移动应用程序 Logo 设计，

2D flat, white background --chaos 30
2D 平面，白色背景，混沌参数值为 30

图 3-2-15

第 3 步：运用颜色的关键提示词，设计不同色彩的 Logo

继续以设计一个咖啡店 Logo 为例，在以下有关颜色的常见关键提示词中，选用三个提示词，控制 Midjourney 创作出以下三组 Logo 图例，展示不同色彩的出图效果。

✧ 想实现如图 3-2-16 所示的图片效果，可输入英文提示词：

Minimalist vector Logo design for a coffee cup, monochrome light blue color scheme,
咖啡杯的极简矢量 Logo 设计，　　　　　　　　浅蓝色单色配色方案，

2D flat, white background --chaos 30
2D 平面，白色背景，混沌参数值为 30

✧ 想实现如图 3-2-17 所示的图片效果，可输入英文提示词：

Minimalist vector Logo design for a coffee cup, hexagon design, blue and green gradient
咖啡杯的极简矢量 Logo 设计，　　　　　　　　六边形设计，　蓝色与绿色渐变，

color, 2D flat, white background --chaos 50
　　　2D 平面，白色背景，混沌参数值为 50

图 3-2-16　　　　　　　　　　　　　图 3-2-17

✧ 想实现如图 3-2-18 所示的图片效果，可输入英文提示词：

Minimalist vector Logo design for a coffee shop, minimalist color block design,

咖啡杯的极简矢量 Logo 设计，　　　　　　　　　极简色块设计，

2D flat, white background --chaos 50

2D 平面，白色背景，混沌参数值为 50

图 3-2-18

第 4 步：运用艺术风格的关键提示词，创作不同艺术性的 Logo

选择使用各种艺术风格的关键提示词，可以增强 Logo 设计的艺术感染力和美学视觉冲击力。继续以设计一个咖啡店 Logo 为例，在以下有关艺术风格的关键提示词中，选用五个提示词，控制 Midjourney 创作出五组 Logo 图例，展示不同艺术风格的 Logo 的出图效果。

想实现如图 3-2-19 所示的图片效果，可输入英文提示词：

Minimalist vector Logo design for a coffee cup, Chinese brush art design,

咖啡杯的极简矢量 Logo 设计，　　　　　　　　　中国水墨艺术设计，

2D flat, white background --chaos 50

2D 平面，白色背景，混沌参数值为 50

◇想实现如图 3-2-20 所示的图片效果，可输入英文提示词：

Minimalist vector Logo design for a coffee cup, origami design, 2D flat,

咖啡杯的极简矢量 Logo 设计，　　　　　　　　折纸设计，　　2D 平面，

white background --chaos 30

白色背景，混沌参数值为 30

图 3-2-19　　　　　　　　　　　　　　　　图 3-2-20

◇想实现如图 3-2-21 所示的图片效果，可输入英文提示词：

Minimalist vector Logo design for a coffee cup, oil painting design, 2D flat,

咖啡杯的极简矢量 Logo 设计，　　　　　　　油画设计，　　　2D 平面，

white background --chaos 30

白色背景，混沌参数值为 30

◇想实现如图 3-2-22 所示的图片效果，可输入英文提示词：

Minimalist vector Logo design for a coffee cup with a simple panda mascot, 2D flat,

咖啡杯的极简矢量 Logo 设计，　　　　　　　简约熊猫吉祥物，　　2D 平面，

white background --chaos 30

白色背景，混沌参数值为 30

图 3-2-21   图 3-2-22

✧想实现如图 3-2-23 所示的图片效果，可输入英文提示词：

Minimalist vector Logo design for a coffee cup,
咖啡杯的极简矢量 Logo 设计，

ceramic chinese style design, 2D flat, white
陶瓷中国风格设计，   2D 平面，

background --chaos 30
白色背景，混沌参数值为 30

图 3-2-23

第 5 步：使用 ChatGPT 生成 Logo 设计的相关提示词

在 Logo 设计中，可以请 ChatGPT 帮助英语非母语的使用者生成提示词，再在 Midjourney 中输入提示词进行创作。

登录 ChatGPT，进入设计训练好的"Midjourney 提示词生成器"聊天室，在屏幕下方的输入框内输入："简约矢量 Logo 设计，咖啡杯造型，白色背景"，ChatGPT 就立即生成了三段有关 Logo 设计的 Midjourney 文本提示词。

◇ 想实现如图 3-2-24 所示的图片效果，可输入英文提示词：

A minimalist vector Logo design featuring a coffee cup silhouette on a white background.
一个简约矢量 Logo 设计，采用咖啡杯的形状，　　　　　　背景为纯白色。

The Logo employs clean and geometric lines to outline the coffee cup, presenting a
Logo 以简洁的几何线条勾勒出咖啡杯的轮廓，

sense of modernity and exquisite beauty. The coffee cup's design is simple yet stylish,
呈现出现代感和精致之美。　　　　　　　咖啡杯的造型简单大方，

symbolizing comfort and elegance. The overall design is predominantly in brown,
寓意着舒适和优雅。　　　　　　整体设计以棕色为主，

delivering a clean and pristine look that highlights the brand's purity and high quality.
简洁干净，突显品牌的纯粹与高品质。

By using vector graphics, the Logo maintains clarity and sharpness at various sizes,
采用矢量图形，　　　　　　确保 Logo 在不同尺寸下都保持清晰锐利，

making it suitable for diverse applications --ar 1:1
适用于各种应用场景，　　　　　　宽高比为 1:1

◇ 想实现如图 3-2-25 所示的图片效果，可输入英文提示词：

A minimalist vector Logo design inspired by the shape of a coffee cup, presented on
一个简约矢量 Logo 设计，以咖啡杯的造型为灵感，

a white background. The Logo utilizes clean lines to outline the coffee cup's form,
在白色背景上展现。Logo 采用了简洁的线条勾勒出咖啡杯的形状，

图 3-2-24

expressing simplicity and modernity. The coffee cup's design is sleek and elegant,
表达出简洁和现代感。　　　　　　咖啡杯的造型流畅优雅，

symbolizing quality and comfort. The overall design is predominantly in white,
象征着品质和舒适。　　　　　　整体设计以白色为主，

conveying purity and freshness, showcasing the brand's professionalism and
纯净清新，　　　　　　彰显出品牌的专业和

sophistication. The vector graphics ensure the Logo remains crisp and sharp at different
高雅。　　　　矢量图形使得 Logo 在不同大小和

sizes and dimensions, suitable for various applications --ar 1:1
尺寸下都保持清晰锐利，适用于各种应用场景，宽高比为 1:1

图 3-2-25

◇想实现如图 3-2-26 所示的图片效果，可输入英文提示词：

A minimalist vector Logo design centered around the theme of a coffee cup, incorporating
一个简约矢量 Logo 设计，　　　　　　　以咖啡杯的形状为主题，　　　　融入了

soft natural tones. The coffee cup's lines are clean and smooth, exuding elegance
柔和的自然色调。Logo 中的咖啡杯线条简洁流畅，　　　　　展现出优雅和

and modernity. The background features a gradient of gentle brown, resembling the
现代感。　　　背景采用渐变的淡褐色，

lingering morning sunlight, adding warmth and a cozy atmosphere to the entire design.
仿佛是清晨阳光的余晖，　为整个设计增添了温暖和舒适的氛围。

The Logo's typography adopts a simple handwritten style, infusing the overall design
Logo 的字体采用了简洁的手写风格，　　　　　　　　让整体设计

with a touch of human touch. This Logo design is suitable for coffee shops, coffee brands,
更富有人情味。　　　　　这款 Logo 设计适用于咖啡馆、咖啡品牌

or coffee-related businesses, creating a warm and tasteful image --ar 1:1

或与咖啡相关的商业企业，营造出一个温馨而有品味的形象，宽高比为 1:1

图 3-2-26

🔑 芝麻开门——常用 Logo 设计关键提示词

基础提示词：某主题的 Logo 设计 "Logo design for [subject]" "Design a Logo for [subject]"。使用白色背景的提示词 white background，便于后期制作时进行抠图。

	minimalist design	simple style	2D flat design
简洁风格	极简主义设计	简约风格	2D 平面设计
	vector design	white background	
	矢量设计	白色背景	

点造型	colorful /single color dots art 多彩 / 单色的点型艺术	dots art 点型艺术	pixel art/style 像素艺术 / 风格
线型造型	minimalist lines 极简线条	thick lines 粗线条	line art 线条艺术
	outline illustration 轮廓插图	stick figures avatar icon 简笔画头像图标	Chinese ink line art 中国水墨线条艺术
	bold outline icon with [color] highlight 粗描轮廓图标加主题色		
面型造型	triangle design 三角形设计	diamond design 菱形设计	square design 方形设计
	hexagon design 六边形设计	silhouette illustration 剪影插图	doodle design 涂鸦设计
	stenciled iconography 模印图像	symmetrical flat icon design 对称平面图标设计	
	squared with round edges mobile app Logo design 方形圆角的移动应用程序 Logo 设计	abstract asymmetrical design 抽象不对称设计	
颜色	single [red] color scheme 单一配色方案	monochrome [red] color scheme 单色配色方案	
	black and white color 黑白颜色	monochrome gradient 单色渐变	
	two color gradient 双色渐变	minimalist color blocks 极简色块	

艺术风格	Chinese brush art 中国水墨艺术	rubbing stamp design 拓印印章设计	ink jet design 喷绘设计
	ceramic chinese style design 陶瓷中国风格设计	hand drawn illustration design 手绘插画设计	
	printmaking design 版画设计	watercolor design 水彩设计	origami design 折纸设计
	minimalist mascot design 极简主义吉祥物设计	colorful pencil painting design 彩色铅笔画设计	
	oil painting design 油画设计	in the style of Paul Rand /Saul Bass / Massimo Vignelli 保罗·兰德等著名艺术家的风格	

1. Midjourney 创作 Logo 的流程

（1）在 Logo 设计的创意阶段，使用 Midjourney 快速生成各种造型、颜色和艺术风格的 Logo 初步设计效果图。

（2）选择较满意的初步设计图作为原始底图，使用 Midjourney 的以图绘图功能，进一步优化 Logo 设计图。

（3）Midjourney 当前版本对于文字的生成和处理功能非常薄弱，需要借助 Photoshop 等其他绘图软件工具，对 Logo 设计图进行精细加工，包括文字设计、颜色替换、抠图、矢量图转换，等等，以完成最终的 Logo 设计。

这些软件工具的使用技巧，请参见相关教程，因篇幅有限，就不在此赘述了。

2. Midjourney 设计 Logo 的小技巧

（1）在 Logo 设计的创意阶段，当没有明确的创意想法时，可以使用较少的提示词，减少对 Midjourney 的限制，并加大混沌参数值，让其尽情地发挥想象力，并且多重画几次，这样可以提供许多 Logo 创意的灵感。

（2）使用"--no"参数作为负面提示词，去除 Logo 图片中不想要的元素，例如，--no serif，shadow，green，shading color，即无衬线、阴影、绿色、底纹颜色等。

（3）使用本讲中有关简洁风格、造型艺术、颜色和艺术风格的关键提示词和 ChatGPT 所生成的提示词，不断进行组合与优化。

 **任务升级**

绘图练习 1：实现如图 3-2-27 所示的图片效果。

参考提示词：Minimalist doodle Logo design for a butterfly, monochrome black
蝴蝶的极简涂鸦 Logo 设计，   单色黑色块，

color blocks, stenciled iconography, bold block designs, white
模印图像，   粗块设计，   白色背景，

background --no lines
无线条

绘图练习 2：实现如图 3-2-28 所示的图片效果。

参考提示词：Minimalist Logo design for a book, black silhouette illustration,
书籍的极简主义 Logo 设计，   黑色剪影插图，

minimalism and flat design, vector, white background --no serif,
极简平面设计，矢量，白色背景，   无衬线、

circle, black, green, shading color
圆圈、黑色、绿色、底纹颜色

图 3-2-27　　　　　　　　　　　　　　图 3-2-28

绘图练习 3：实现如图 3-2-29 所示的图片效果。

参考提示词：A creative Logo for a reading app, green and blue gradient,
阅读应用程序的创意 Logo，　　　　绿色和蓝色渐变，

light and pale color, minimalist and flat, square icon,
浅色和浅色，　　　　简约和平面，　　　　方形图标，

black background
黑色背景

绘图练习 4：实现如图 3-2-30 所示的图片效果。

参考提示词：A creative Logo for an apple, colorful dot art, minimalism and flat design,
苹果的创意 Logo，　　　　彩色点型艺术，极简主义和平面设计，

vector, white background --no serif, shading color
矢量，　白色背景，　　　　无衬线、底纹颜色

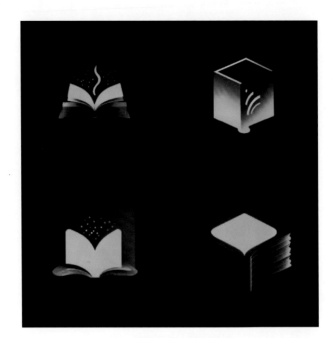

图 3-2-29

图 3-2-30

绘图练习 5：实现如图 3-2-31 所示的图片效果。

参考提示词：Minimalist logo design for a fashion clothing store, monochrome red block,
一个时尚服装店的极简主义 LOGO 设计，　　　　单色红色色块，

printmaking design style, flat and vector, white background
版画设计风格，　　　　平面和矢量，　白色背景

图 3-2-31

第三讲　动漫、游戏角色及周边设计

 极速挑战

　　设计创作一些动漫、游戏角色及其周边产品，例如，女刺客、反派老板、金亨泰风格的女武神、宫崎骏风格的男孩与女孩、皮克斯风格的小恐龙、迪士尼风格的特种兵、齐白石风格的中国侠客、方力钧风格的中国女剑侠、骑马的罗马战士手办，等等。

知识一点通

技能升级

✓ 设计动漫及游戏角色概念

✓ 设计日韩风格的动漫角色

✓ 设计欧美风格的动漫角色

✓ 设计中国风格的动漫角色

✓ 设计不同风格的动漫角色周边，包括手办公仔、盲盒潮玩和儿童动漫涂色画，等等

1.　什么是动漫及游戏的角色设计

　　动漫及游戏的角色设计是美术团队的重要工作之一。美术策划设计师根据动漫游戏的类型和风格，策划设计各种角色的职业特征、表情、动作、服饰等，同时追求各元素及配色风格的协调统一。

2.　影响角色设计的主要因素

　　（1）故事情节：角色设计必须满足动漫或游戏的故事情节的需要，所以，设计的前提是设计师要对故事情节有深刻的理解。

　　（2）角色背景：在理解故事情节的基础上，要先设定角色背景，这有助于让角色更加立体和引人注目。角色背景的设定包括家庭背景、成长经历、目标和动机等。通过角色的过去经历、社会阶层、生活习惯等来强调角色的个性和行为特点。

　　（3）视觉效果：角色的外观必须鲜明、个性化，符合动漫或游戏的整体主题风格。

3.　角色设计的流程步骤

　　（1）明确角色定位和基本信息：确定角色是主角、反派、配角还是其他类型的角色。

不同类型的角色有不同的功能和影响故事发展的方式。同时明确角色的基本信息，包括姓名、性别、年龄、身高、体型、性格特点等。这些设定将有助于为角色塑造个性和形象。

（2）设计角色独特的外貌：从服装、发型、脸部特征等方面着手，创造一个独特且容易辨识的角色形象。设计角色的外貌是非常重要的一步，注意在设计上要与角色定位相符合，保持一致性。

（3）确定角色的性格特点：考虑角色的性格（勇敢、害羞、乐观、冷静等）、爱好、喜欢或不喜欢的事物等，这将有助于塑造角色的行为方式和情感反应。

（4）考虑角色的能力与技能：如果设计的角色有特殊的能力或技能，例如，角色使用的武器或特殊道具，要与角色的风格和能力相匹配。

（5）设定角色关系与冲突：确定角色与其他主要角色之间的互动关系，包括友情、爱情、竞争等，同时明确角色的冲突与成长，为角色设定挑战和障碍，让角色在故事中成长和发展。

（6）设计草稿并确定艺术风格：寻找灵感，参考现实生活中的人物、其他动漫、文学作品或历史事件，画出角色的草图和概念图，并尝试不同的艺术风格和表现形式，有助于将角色概念描述转化为视觉形象，发现喜欢的艺术风格和需要改进的地方。最终确定绘画艺术风格和色彩方案，以确保角色与整体主题风格一致。

（7）反复改进与反馈：让同事和朋友评估角色设计，听取他们的反馈意见，获得不同的视角和建议，根据反馈不断对角色设计进行修改和完善，直至达到满意的效果。

🔓 分步解锁

第1步：使用角色概念设计的关键提示词，设计动漫角色

（1）设计主题：调用"/settings"指令，选择 Midjourney Model V5.2（更适合设计 3D 动漫）或者 Niji Model V5（更适合设计 2D 动漫）版本，单击"Remix mode"按钮，该选项显示为绿色，即功能已激活。

（2）调用指令"/imagine"，输入英文提示词：

A beautiful female assassin named Mary with a sword, 3D character design, multiple
一名美丽的持剑女刺客，玛丽，　　　　　　　　　3D人物设计，

concept designs, concept design sheet, standing, full body, 8 human proportion,
多重概念设计，　概念设计表，　　　站立，　全身，　8头身比人体比例，

white skin, brave and perseverance, fashion tight suit, unreal engine 5 rendering,
白皙皮肤，勇敢坚毅，　　　　时尚紧身衣，　　虚幻引擎5渲染，

soft cinematic lighting, intricate details, hyper realistic, white background
柔和电影灯光，　　　复杂的细节，　　超写实，　　白色背景

（3）按回车键，Midjourney 创作出四张图片，如图 3-3-1 所示。

（4）单击 U1 按钮，升级放大第一张图片，如图 3-3-2 所示。

图 3-3-1

图 3-3-2

（5）设计一个反派主角，输入英文提示词：

A villain boss named Tom with a hammer, 3D character design, multiple concept
一名拿着锤子的反派老板，汤姆，　　　　3D角色设计，　　　多重概念

designs,concept design sheet, standing, full body, 8 human proportion, evil and
设计，概念设计表，　　　站立，　全身，　8头身比人体比例，　邪恶

treacherous, colorful costumes, unreal engine 5 rendering, soft cinematic lighting,
奸诈，　　多彩的服装，　　虚幻引擎5渲染，　　柔和的电影灯光，

intricate details, hyper realistic, white background
错综复杂的细节，超写实，　　白色背景

（6）按回车键，Midjourney 创作出四张图片，如图 3-3-3 所示。

（7）单击 U1 按钮，升级放大第一张图片，如图 3-3-4 所示。

图 3-3-3　　　　　　　　　　　　　　图 3-3-4

第 2 步：使用日韩动漫风格的关键提示词，设计动漫角色

日韩的动漫产业世界闻名，很多著名的动漫艺术家深受广大青少年的喜爱。日式 Q 版
动漫角色通常是大头、大眼睛、短身材，一般头身比为 2：3。日式 Q 版动漫作品多以少

男少女为主角，故事情节轻松活泼，围绕着友谊、爱情和成长等主题展开，角色通常具有夸张的表情和动作，使得人物角色更加可爱和幽默。韩式 Q 版的动漫人物角色的设计特点是选用的色彩较鲜艳，颜色纯度较高，一般头身比为 3∶8，人物角色可爱、大方、有朝气。

◇想实现如图 3-3-5 所示的韩国金亨泰艺术风格的图片效果，可输入英文提示词：

Beautiful and cute Valkyrie holding a magic wand, Korean 2D animation character
美丽可爱拿着魔杖的女武神，　　　　　　　　韩国 2D 动画人物设计，

design, Kim Hyung Tae's art style, standing full body, 8 body proportions, smiling,
　金亨泰美术风格，　　　　　站立全身，　　　8 种身体比例，　　微笑，

colorful costumes, intricate details, surreal --ar 2:3 --niji 5
色彩缤纷的服装，错综复杂的细节，超现实，宽高比为 2:3，尼基 5 动漫模型

◇想实现如图 3-3-6 所示的 3D 日本 Q 版动画人物的图片效果，可输入英文提示词：

A beautiful cute girl with a knife, Japanese 3D Chibi animation character design,
一个美丽可爱的持刀女孩，　　　　　3D 日本 Q 版动画人物设计，

standing, full body, 2 human proportion, smiling, colorful costumes, unreal engine
站立，　全身，　2 头身比人体比例，　微笑，　色彩缤纷的服装，　虚幻引擎

5 rendering, soft cinematic lighting, intricate details, hyper realistic, white background
5 渲染，　柔和的电影灯光，　　复杂的细节，　超写实，　　白色背景

◇想实现如图 3-3-7 所示的小岛秀夫艺术风格的图片效果，可输入英文提示词：

A cute robot, Japanese 2D Chibi animation character design, in the art style
一个可爱的机器人，　　2D 日本 Q 版动画人物设计，

of Hideo Kojima, standing, full body, 3 human proportion, redshift engine rendering,
小岛秀夫艺术风格，站立，全身，　3 头身比人体比例，　红移引擎渲染，

soft cinematic lighting, intricate details, hyper realistic, white background
柔和的电影灯光，　　复杂的细节，　超写实，　　白色背景

图 3-3-5

图 3-3-6

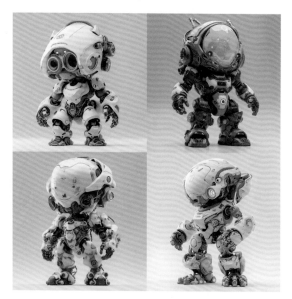

图 3-3-7

◇ 想实现如图 3-3-8 所示的宫崎骏艺术风格的图片效果，可输入英文提示词：

Handsome boy and beautiful girl lying on the grass, Japanese 2D animation
英俊的男孩和美丽的女孩躺在草地上，　　　　　　　　日本 2D

character design, Hayao Miyazaki art style, smiling, gorgeous costumes,
动画人物设计，　　宫崎骏艺术风格，　　　　微笑，　华丽的服装，

intricate details, super realistic --ar 3:2
复杂的细节，　　　超写实，　宽高比为 3:2

第 3 步：使用欧美动漫风格的关键提示词，设计动漫角色

欧美动漫是指来自欧洲和美洲地区制作的动画作品。这些动漫以与众不同的风格、题材和叙事方式而闻名，例如，迪士尼动画工作室创作的经典动画电影《狮子王》；梦工厂动画创作的《功夫熊猫》；皮克斯动画工作室创作的《玩具总动员》，等等。

◇ 想实现如图 3-3-9 所示的皮克斯艺术风格的图片效果，可输入英文提示词：

A little cute and happy dinosaur,3D Chibi animation character design,
一只可爱快乐的小恐龙，　　　　3D Q 版动画人物设计，

Pixar style, standing and full body, film lighting, soft shadow --niji 5
皮克斯风格，站立全身，电影灯光，柔影，尼基5动漫模型

图 3-3-8

 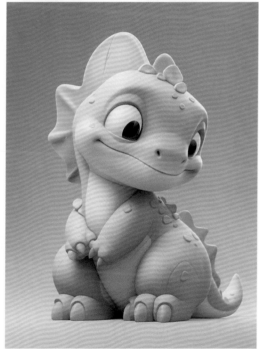

图 3-3-9

◇想实现如图 3-3-10 所示的迪士尼艺术风格的图片效果，可输入英文提示词：

A fully armed special soldier,3D Chibi animation character design, Disney style,
一名全副武装的特种兵，　　　3D Q 版动画人物设计，　　　　　迪士尼风格，

full body and standing, 3 human proportion, cinematic lighting, soft shadows,
全身站立，　　　　3 头身比人体比例，　影院灯光，　　　柔和阴影，

white background --niji 5
白色背景，尼基 5 动漫模型

图 3-3-10

◇想实现如图 3-3-11 所示的弗兰克·弗雷泽塔（美国）奇幻艺术风格的图片效果，可输入英文提示词：

A female battle angel with a sword wearing black tights mecha, 3D concept character
持剑身穿橙色紧身衣机甲的女战斗天使，　　　　　　　　3D 概念人物设计，

design, in the art style of Frank Frazetta, full body, standing dynamic pose, 8 human
　　弗兰克·弗雷泽塔艺术风格，　　　全身，　站立动态姿势，　　　8 头身比

proportion, realistic photography, intricate details, cinematic lighting, white
人体比例，写实摄影，　　　　　　精致细节，　　　电影灯光，

background --ar 9:16
白色背景，宽高比为 9:16

图 3-3-11

◇想实现如图 3-3-12 所示的尼基塔·维普里科夫（乌克兰）艺术风格的图片效果，可输
入英文提示词：

A young girl sitting in a coffee shop,3D concept character design，in the style of
坐在咖啡店的一个年轻女孩，　　　　　3D 概念角色设计，

Nikita veprikov, full body, 8 human proportion, blue hair and eyes, bright smiling
尼基塔·维普里科夫风格，全身，8 头身比人体比例，蓝色头发和眼睛，嘴角

with raised mouth corners, red fashion tight suit, unreal engine 5 rendering, soft
上扬的灿烂笑容，　　　　　红色时尚紧身套装，　虚幻引擎 5 渲染，　　　柔和

cinematic lighting, intricate details, hyper realistic --ar 9:16 --niji 5
的电影灯光，复杂的细节，超写实，宽高比为9:16，尼基5动漫模型

图 3-3-12

第 4 步：使用国风动漫风格的关键提示词，设计动漫角色

国风动漫是指中国传统绘画风格设计创作的动漫及游戏作品。中国动漫有着悠久的历史，早在上世纪20年代就有了最早的手绘动画短片问世，随着技术的进步和产业的发展，中国动漫产业逐渐成长起来，风格多种多样。著名的动漫作品有《大闹天宫》《哪吒闹海》《秦时明月》等。

◇想实现如图 3-3-13 所示的齐白石中国水墨艺术风格图片效果，可输入英文提示词：

An ancient Chinese handsome young man, concept character design, in the art style
一名中国古代英俊青年，　　　　　　　概念人物设计，

of Chinese Ink Painting by Qi Baishi, holding a Chinese long sword to attack the
齐白石中国水墨艺术风格，　　　　　　手持中国长剑攻击，

viewer, dynamic pose, full body, 8 human proportion, black hair, white Hanfu suit,
　　动态姿势，　　全身，　　8头身比人体比例，　黑发，　　白色汉服，

intricate details, white background --ar 3:2 --niji 5
复杂的细节，　　白色背景，宽高比为3:2，尼基5动漫模型

图 3-3-13

◇想实现如图 3-3-14 所示的齐白石中国水墨艺术风格的图片效果，可输入英文提示词：

An ancient Chinese young girl by the railing, concept character design,
倚在栏杆旁的一个古代中国美少女，　　　　　概念人物设计，

in the art style of Chinese Gongbi Painting, face close up, side view, black long hair,
中国工笔画的艺术风格，　　　　　　　　脸部特写，　侧视图，　黑色长发，

light blue Hanfu dress, bright smiling, intricate details, hyper realistic, traditional
浅蓝色汉服服饰，　　　明亮的微笑，　复杂的细节，　超写实，　中国传统

Chinese building background --ar 2:3 --niji 5
建筑背景，宽高比为 2:3，尼基 5 动漫模型

图 3-3-14

✧想实现如图 3-3-15 所示的吴冠中中国水彩画艺术风格的图片效果,可输入英文提示词:

An ancient Chinese handsome young man standing by the lake and playing a flute,
一个中国古代英俊的年轻男子站在湖边吹笛,

concept character design, in the art style of Chinese watercolor Painting
概念人物设计,　　　　　　吴冠中中国水彩画的艺术风格,

by Wu Guanzhong, face close up, Hanfu suit, intricate details, hyper realistic,
　　　　　　面部特写,　　汉服,　　细节复杂,　　超写实,

mountain and water background --ar 3:2 --niji 5
山水背景,　　　宽高比为 3:2,尼基 5 动漫模型

图 3-3-15

✧想实现如图 3-3-16 所示的方力钧艺术风格的图片效果, 可输入英文提示词:

A Chinese classic martial arts female master holding a China sword, concept character
中国古典武术女大师手持中国剑,　　　　　　　　　　概念人物

design, in the style of Fang Lijun, face close up, dynamic pose, red Kungfu suit,
设计, 方力钧艺术风格,　　　脸部特写,　动态姿势,　红色的功夫服装,

intricate details, hyper realistic, China Jiangnan Garden background --ar 2:3 --niji 5
错综复杂的细节, 超现实,　　中国江南园林背景, 宽高比为 2:3,尼基 5 动漫模型

图 3-3-16

第 5 步：运用手办公仔等关键提示词，设计动漫游戏角色的周边产品

根据动漫游戏角色可以设计制作不同的周边产品，包括手办、公仔、盲盒潮玩、儿童动漫涂色画等。

✧ 想实现如图 3-3-17 所示的维塔工作室手办的图片效果，可输入英文提示词：

A Roman warrior in armor on a horse with a sword, full body, dynamic pose,

一名身穿盔甲、骑马持剑的罗马战士，　　　　　　全身，　　　动态姿势，

plastic garage kit by Weta workshop, product photography, intricate details,

维塔工作室的塑料手办，　　　　　产品摄影，　　　　复杂的细节，

cinematic lighting, white background --ar 3:4

电影灯光，　　　　黑色背景，宽高比为 3:4

✧ 想实现如图 3-3-18 所示的皮克斯 Q 版动漫风格手办的图片效果，可输入英文提示词：

A beautiful female assassin, a sword in a hand and standing, three views of front

一名美丽女刺客，　　　　　手执剑站立，

view side view and back view, 3D Pixar animation and Chibi style, figure toy by

正视 / 侧视 / 后视的三视图，　　3D 皮克斯动画 Q 版风格，

Max factory, clay model, full body, colorful costumes, 3 human proportion, product

Max 工厂手办玩具，油泥模型，全身，多彩服装，　　3 头身比人体比例，

photography, intricate details, cinematic lighting, white background --ar 16:9

产品摄影， 复杂细节， 电影灯光， 白色背景，宽高比为 16:9

图 3-3-17

图 3-3-18

◇想实现如图 3-3-19 所示的日式 Q 版动漫风格的泡泡玛特盲盒潮玩的图片效果，可输入英文提示词：

Blind box toy, pop mart, clay model, a cute girl wearing japanese kimono, 3D manga
盲盒玩具，泡泡玛特，黏土模型，穿着日本和服的可爱女孩，　　　　　3D 日本

and Chibi style, glossy, full body, colorful costumes, 3 human proportion, product
动漫 Q 版风格，光面，全身，　　彩色服装，　　　3 头身比人体比例，

photography, intricate details, cinematic lighting, white background --ar 2:3
产品摄影，复杂细节，　　　电影灯光，　　　白色背景，宽高比为 2:3

图 3-3-19

◇想实现如图 3-3-20 所示的儿童动漫涂色画的图片效果，可输入英文提示词：

A cute standing dinosaur warrior wearing armor and holding sword, 2D Chibi animation

一个可爱的站立恐龙战士，身穿着盔甲，拿着剑，　　　　　　2D Q 版

character design, 3 human proportion, coloring page for kids, black and white line art,

动画角色设计，　3 头身比人体比例，　儿童涂色页，　　黑白线条艺术，

very simple drawing with thick line, white background --niji 5

非常简单的粗线绘图，　　　　　白色背景，尼基 5 动漫模型

图 3-3-20

芝麻开门 ——常用的动漫角色设计关键提示词

角色概念	2D/3D character design 2D/3D 角色设计	concept design sheet 概念设计表	multiple concept designs 多重概念设计
角色基本 信息描述	assassin 反派	villain 刺客	8 human proportions 8 头身人体比例
	animal 动物角色	monster 怪物角色	robot 机器人角色
动作描述	standing 站	running 跑	dynamic pose 动态姿势
	sitting 坐	a sword in hand 一剑在手	
表情及性格 描述	smiling 笑	angry 生气	sad 难过
	scared 害怕	brave 勇敢	perseverance 坚毅
	indifferent 冷漠	surprise 惊讶	joyful 喜悦
服装描述	fashion dressing 时尚服装	Hanfu 汉服	professional attire 职业正装
	school uniform 学生装	long skirt 长裙	Samurai clothing 日本武士服
	tight suit 紧身衣	mecha suit 机甲服	cyberpunk style 赛博朋克风格

渲染引擎 描述	unreal engine 5 rendering	plastic	redshift engine rendering
	虚幻引擎 5 渲染	塑料材质	红移引擎渲染
视角 / 光效 / 材质 / 描述	front view	side view	back vien
	正面视角	侧面视角	背面视角
	studio lighting	soft lighting	cinematic lighting
	演播室灯光	柔和灯光	电影灯光
	intricate details	hand painted	photo realistic detail
	复杂的细节	手绘	照片逼真的细节
	hazy background	soft pastel color	white background
	朦胧背景	柔和的色彩	白色背景
日韩动漫 风格	manga style	cowboy bebop	fairy tale illustration
	日本漫画风格	星际牛仔	童话插图
	Chibi animation	Ukiyoe style	Hatsune Miku style
	日本 Q 版动漫	浮世绘风格	初音未来风格
	Dragon Ball anime style	studio ghibli style	
	龙珠动漫风格	吉卜力工作室风格（宫崎骏）	
日韩著名 动漫艺术家	Makoto Shinkai	Eiichiro Oda	Katsuhiro Otomo
	日本新海诚	尾田荣一郎	大友克洋
	Takehiko Inoue	Yoji shinkawa	Yoshitaka Amano
	井上雄彦	新川洋司	天野喜孝
	Hideo Kojima	Hayao Miyazaki	Kow Yokoyama
	小岛秀夫	宫崎骏	横山宏
	Kim Hyung Tae		
	金亨泰		

欧美动漫风格	Pixar style	Disney style	Marvel manga style
	皮克斯风格	迪士尼风格	漫威动漫风格
著名动漫艺术家	Craig mullins		Frank Frazetta
	克雷斯·穆林斯		弗兰克·弗雷泽塔
	Nikita veprikov		Greg Guillemin
	尼基塔·维普里科夫		艺术家格雷格（波普艺术）
国风动漫风格	Chinese Ink Painting		Chinese Watercolor Painting
	中国水墨画		中国水彩画
	Chinese Dunhuang Mural		Chinese Gongbi Painting
	中国敦煌壁画		中国工笔画
	Chinese Realistic Aesthetics		
	中国写实唯美		
著名国风艺术家	Qi Baishi	Zhang Daqian	Wu Guanzhong
	齐白石	张大千	吴冠中
	Fu Baoshi	Fang Lijun	
	傅抱石	方力钧	
周边产品	garage kit	figure toy	sculpture
	手办	公仔	雕塑
	blind box toy	fashion toy	art toy
	盲盒玩具	潮玩	艺术玩具
	clay model	pop mart	Weta workshop
	黏土模型	泡泡马特	维塔工作室

周边产品	Max factory Max 工厂	Good Smile Company GSC 公司
	coloring page for kids, black and white line art 儿童涂色页，黑白线条艺术	

 任务升级

绘图练习 1：实现如图 3-3-21 所示的图片效果。

参考提示词：A beautiful angel fairy in white dress holding a bunch of flowers,
一名美丽的白衣天使仙女手捧一束鲜花，

full body, Disney style, side view, light painting, unreal engine
全身照，迪士尼风格，侧视图，光绘，虚幻

5 rendering, intricate details, super realistic --ar 2:3 --niji 5
引擎 5 渲染，细节复杂，超写实，宽高比为 2:3，尼基 5 动漫模型

绘图练习 2：实现如图 3-3-22 所示的图片效果。

参考提示词：A handsome boy holding a laser gun toward the audience, full body,
一名英俊的男孩拿着激光枪对着观众，全身照，

shot from below, in the style of Eiichiro Oda, radiant light,
仰视拍摄，尾田荣一郎风格，光芒四射，

colorful costumes, redshift engine rendering, intricate details,
服装绚丽多彩，红移引擎渲染，细节复杂，

hyper realistic --ar 2:3 --niji 5
超写实，宽高比为 2:3，尼基 5 动漫模型

绘图练习 3：实现如图 3-3-23 所示的图片效果。

参考提示词：A beautiful Chinese girl dancing in a traditional dress, full body,
一名美丽的中国女孩，身着传统服饰跳舞，　　　　全身照，

dynamic pose, luxurious costumes, silk ribbons, phoenix crown,
动态姿势，　　　华丽服装，　　　　　丝带，　　　凤冠，

surrounded by Chinese phoenix totem, acrylic paint illustration,
四周环绕着中国的凤凰图腾，　　　　　丙烯颜料插图，

middle composition, fantasy style --ar 9:16 --niji 5
中间构图，　　　　　宽高比为 9:16，尼基 5 动漫模型

图 3-3-21

图 3-3-22

图 3-3-23

绘图练习 4：实现如图 3-3-24 所示的图片效果。

参考提示词：Blind box, pop Mart, clay model, a cute cat in a space suit, standing and
盲盒，　　　泡泡玛特，黏土模型，穿着太空服的可爱猫咪，站在平台上

smiling on the platform, full body, 3D manga and chibi style, product
微笑，　　　　　　　　全身，　　3D 日本动漫 Q 版风格，　产品摄影，

photo, intricate details, cinematic lighting, white background --niji 5
复杂细节，　　　电影灯光，　　　　白色背景，尼基 5 动漫模型

图 3-3-24

第四讲　产品的工业设计

 极速挑战

用 Midjourney 完成无线鼠标、运动鞋、旅行拉杆箱的外观造型设计，葡萄酒、饼干、啤酒的包装设计，手机 App、电脑网页、平板电脑 App 的 UI 设计，空气炸锅的广告海报设计。

技能升级

✓ 设计产品的外观造型

✓ 设计产品的包装

✓ 设计产品的 UI

✓ 设计广告海报

知识一点通

1. 什么是工业设计

工业设计，英文为 Industrial Design，简称 ID，又称工业产品设计，是指以工学、美学、经济学为基础对工业产品进行设计。工业设计强调技术与艺术相结合，是现代科学技术与现代文化艺术相融合的产物。它不仅研究产品的形态美学，而且研究产品的实用性能，以及产品所引起的环境效应，使产品更加环保，与环境协调和统一，更好地发挥其效用。

广义的工业设计分为产品设计、环境设计、传播设计，具体包括：外观造型设计、用户体验设计（UX 设计）、界面设计（UI 设计）、机械工程设计、服装设计、室内设计、环境规划、包装设计、平面设计、广告设计、展示设计、网站设计，等等。

工业设计的流程：市场用户调研→概念设计→用户反馈→详细设计→用户验证反馈→最终设计与优化→工程设计与制造→包装设计→广告设计。

2. 什么是包装设计

包装设计是指为产品设计制作外部包装的过程。它不仅保护产品，还可以吸引消费者的注意力，促进产品销售和建立品牌形象。包装设计涉及选择适当的材料、颜色、形状、图案和文字，以传达产品的特点、价值和品牌理念。

在包装设计中，设计师要考虑到目标受众的喜好、市场趋势和竞争环境。通常需要兼顾包装的外观吸引性、信息准确性、品牌一致性、产品保护性、材料环保性。确保包装在吸引用户注意的同时，能够传达正确的产品信息，并与产品的品牌定位相符。

3. 什么是 UI 设计

UI，即 User Interface（用户界面）的简称，因此 UI 设计的意思是"用户界面设计"。UI设计是指在软件、应用程序或网站中，创建用户所见和交互的界面的过程，包括设计界面的外观、布局、颜色、图标、字体，以及用户与界面之间的交互方式，等等。UI 设计分为实体 UI 和虚拟 UI，互联网常用的 UI 设计是指虚拟 UI 设计。

UI 设计的流程：用户调研→概念设计→界面设计→交互设计→视觉设计→用户测试反馈→最终制作与优化。

设计师可以借助 Midjourney 等 AI 绘画工具启发创作灵感，简化概念设计、界面设计和视觉设计的流程，提高效率，并快速生成各种风格的效果图。收集用户反馈后再不断优化，完成最终的 UI 设计工作。

4. 什么是广告海报设计

广告海报是一种信息传递的艺术作品，是一种针对大众的宣传工具。早期的海报又称为招贴画，贴在街头墙上或者挂在店铺的橱窗里，以醒目的画面来吸引路人的注意。现代的海报设计是为了实现广告的目的和意图，通过图像、文字、色彩、构图等各种广告的表达元素，在计算机上通过相关设计软件进行平面艺术设计的一种活动。海报按其应用不同可以分为商业海报、电影海报、文化海报、展览海报、游戏海报和公益海报等。

产品海报属于商业海报的一种，在传达信息、吸引目光和产品推广方面起着关键作用。它需要通过文字元素将信息有效地传达给观众，并通过视觉元素吸引用户的注意，并促使其进行购买行动。因此，设计师应当综合考虑构图布局、色彩、图像、字体等多个因素，以创造出引人注目且信息清晰的产品海报。

🔓 分步解锁

第 1 步: 使用工业设计的关键提示词, 设计产品外观造型

（1）无线鼠标外观造型设计。想实现如图 3-4-1 所示的图片效果，可输入英文提示词:

Product industrial design sketch, textured wireless gaming mouse, scifi style, black
产品工业设计草图，　　　　　　　　质感无线游戏鼠标，　　　　　　科幻风格，

frosted glass blue acrylic material, ergonomic design, bright studio lighting, photo
黑色磨砂玻璃蓝色亚克力材料，　　人体工学设计，　　明亮的工作室灯光，

realistic, intricate details and high quality, white background
照片逼真，复杂的细节和高品质，　　　　　白色背景

图 3-4-1

（2）运动鞋外观造型设计。想实现如图 3-4-2 所示的图片效果，可输入英文提示词:

Product industrial design sketch, a pair of orange Nike futuristic sneaker with large
产品工业设计草图，　　　　　　　一双橙色耐克未来风格运动鞋，

airbags, transparency, bubble, bright studio lighting, photo realistic, intricate details
配有大气囊、透明、气泡，　　明亮的工作室灯光，　　照片逼真，　　复杂的细节

and high quality, white background --no pencil
和高品质，　　　白色背景，　　　无铅笔

图 3-4-2

（3）旅行拉杆箱外观造型设计。想实现如图 3-4-3 所示的图片效果，可输入英文提示词：

Product industrial design sketch, a blue trolley suitcase, cyberpunk style, glossy, metal,
产品工业设计草图，　　　　　蓝色拉杆箱，　　　　赛博朋克风格，　光泽，金属，

bright studio lighting, photo realistic, intricate details and high quality, white
明亮的工作室灯光，　　照片逼真，　复杂的细节和高品质，

background --ar 3:4 --no pencil
白色背景，宽高比为 3:4，无铅笔

第 2 步：使用包装设计的关键提示词，设计各种产品包装

使用 Midjourney 进行包装设计时，可以采取两种方式：第一种是包装和标签分别设计出图后，再组合到一起；第二种是包装和标签同时设计，一起出图。

图 3-4-3

第一种方式：包装和标签分别设计出图

（1）以红葡萄酒的包装设计为例，登录 Discord 界面，进入"豆豆服务器"，调用指令"/imagine"，输入英文提示词：

One hand holding a bottle of red wine with white label, front view, realistic photo,
一只手拿着一瓶空白标签的红酒，　　　　　　　　　前视图，　真实照片，

pure yellow background
纯黄色背景

出图效果如图 3-4-4 所示。

注意：一定要使用关键提示词 white label（空白标签），预留出红酒瓶的包装标签位置。

（2）设计红酒瓶子的包装标签，输入英文提示词：

Package label design, a bunch of grape, distant mountains and clouds, Chinese illustration
包装标签设计，　　　一串葡萄，　　　远山云彩，

style in rich colors, light colors, gradient color --ar 2:3
中国浓彩插画风格，浅色，　　渐变色，宽高比为 2:3

出图效果如图 3-4-5 所示。

（3）使用以图绘图的方法，将前面生成的两张图片合成到一起，输入英文提示词：

[图 3-4-4 的 URL 链接]+[图 3-4-5 的 URL 链接] hand holding a red wine bottle::2,
（两张图片的链接）   手拿着红酒瓶，

the illustration content:: on the label, pure yellow background --iw 2 --ar 3:4
插画内容，   在标签上，纯黄色背景，图像权重参数为 2，宽高比为 3:4

出图效果如图 3-4-6 所示。

注意：即使将图像权重参数设定为最大值 2，目前的 Midjourney 版本仍然不能保证出图的一致性。因此还可以使用 Photoshop 等绘图软件进行拼图。另外，Midjourney 不擅长进行文字的艺术设计、编辑和排版等工作，也需要使用 Photoshop 等绘图软件等工具，在包装设计的图片上添加产品相关的文字说明。

第二种方式：包装和标签一起出图

以饼干和啤酒的包装设计为例，选择一些常见的包装设计关键提示词，控制 Midjourney 创作出以下包装设计的相关图例。

图 3-4-4   图 3-4-5   图 3-4-6

（1）饼干零售包装设计。想实现如图 3-4-7 所示的图片效果，可输入英文提示词：

Retail package design for a box/pouch of cookie, shrink-label, gradient yellow
一盒 / 袋饼干的零售包装设计，　　　　　　　　收缩标签，　渐变黄色

and orange, sticker, realistic photography, octane render, intricate detailed and high
和橙色，　　贴纸，　逼真摄影，　　　　　　辛烷渲染，　复杂的细节和高

quality, studio lighting, white background --ar 4:3
品质，　工作室照明，　白色背景，宽高比为 4:3

图 3-4-7

（2）啤酒标签及包装盒设计。想实现如图 3-4-8 所示的图片效果，可输入英文提示词：

Package design for a bottle of beer, shrink-label, blue and orange, a packaging box,
一瓶啤酒的包装设计，　　　　　　收缩标签，　蓝色和橙红色，　包装盒，

sticker, hanging tag, labeling, realistic photography, octane render, intricate detailed
贴纸，　吊牌，　　标签，　逼真摄影，　　　　辛烷渲染，　复杂的细节

and high quality, studio lighting --ar 4:3
和高品质，　　工作室照明，宽高比为 4:3

图 3-4-8

第 3 步：使用 UI 设计的关键提示词，进行互联网及软件产品的 UI 设计

（1）手机 App 界面 UI 设计。想实现如图 3-4-9 所示的图片效果，可输入英文提示词：

Ios app UI design for a charging station app, front view, launch page interface
苹果手机 App UI 设计，一个充电桩 App，　　　前视图，　　启动页界面

design, a car with a map background, UI illustration and minimalist style, hitech,
设计，　地图背景的一辆汽车，　　　　UI 插画简约风格，　　　　　　高科技，

green energy saving and environmental protection, white background --ar 2:3
绿色节能环保，　　　　　　　　　　　　　白色背景，宽高比为 2:3

图 3-4-9

（2）电脑网页界面 UI 设计。想实现如图 3-4-10 所示的图片效果，可输入英文提示词：

Web page UI design for modern solar energy scheme, solar panel, banner interface
电脑网页 UI 设计，现代太阳能方案，　　　　　　　太阳能电池板，横幅界面

design, minimalism and flat illustration style, hitech, informative content,
设计，　极简主义和平面插图风格，　　　　　　高科技，信息内容，

ecofriendly theme, trees and sunflower background --ar 21:9
环保主题，　　　　树木和向日葵背景，宽高比为 21:9

（a）

（b）

图 3-4-10

（3）平板电脑 App 界面 UI 设计。想实现如图 3-4-11 所示的图片效果，可输入英文提示词：

Tablet app UI design, launch page interface design for an elderly service app,
平板电脑应用程序 UI 设计，老年服务应用程序的启动页面界面设计，

front view, a chinese old man is doing Tai Chi in the park, dynamic pose,
前视图，一位中国老人在公园里打太极，　　　　　　　动态姿势，

minimalist illustration style, health and hygiene theme, high detailed and high quality,
简约插画风格，　　　　　　健康和卫生主题，　　　　高细节和高品质，

light yellow background --ar 3:4
浅黄色背景，宽高比为 3:4

图 3-4-11

注意：在实际的 UI 设计中，使用 Midjourney 进行创意设计后，还需要使用 Photoshop 等绘图工具进行文字设计和细节优化。

第 4 步：使用广告海报设计的关键提示词，进行产品的广告海报设计

以一个空气炸锅产品为例，使用广告海报设计的关键提示词，控制 Midjourney 创作一幅产品海报。

（1）选择一个空气炸锅的产品图片，作为原始底图，如图 3-4-12 所示。

图 3-4-12

（2）将图 3-4-12 上传到 Discord 的出图区，调用指令"/imagine"，复制粘贴图 3-4-12 的图像 URL 链接，并输入完整的英文提示词：

[图 3-4-12URL 链接]+Product advertising design,the bright sunshine in the morning
产品广告海报，　　　　　　　　早晨明媚的阳光，

shines on the wooden dining table through the floor-to-ceiling windows. Milk, bread,
透过落地窗照在木质餐桌上。

french fries, coffee, and an air fryer are placed on the dining table --ar 3:2
餐桌上放着牛奶、面包、炸薯条、咖啡和空气炸锅，宽高比为 3:2

（3）按回车键后，Midjourney 创作出四张图片，如图 3-4-13 所示，升级放大第一张图片，如图 3-4-14 所示。

图 3-4-13

图 3-4-14

注意：图 3-4-12 中的空气炸锅，与原始底图不能保障 100% 的一致性，所以，还需要在 Photoshop 等其他绘图工具中，将海报中的空气炸锅替换为产品原图，并添加相应的文字说明，才能最终完成产品海报设计。

 芝麻开门——常用产品工业设计关键提示词

工业设计	ergonomic design	product industrial design sketch	
	人体工学设计	产品工业设计草图	
产品的材质及颜色	black frosted glass	blue acrylic material	plastic
	黑色磨砂玻璃	蓝色亚克力材料	塑料材质
	textured	glossy	metal
	质感	光泽	金属材质

产品设计风格	sci-fi style	futuristic style	cyberpunk style
	科幻风格	未来风格	赛博朋克风格
包装设计	package design	package label design	package box design
	包装设计	包装标签设计	包装盒设计
	package pouch design		
	包装袋设计		
UI 设计基本提示词	UI design，User Interface design		
	UI 设计		
UI 界面载体	web page	android app UI/ios app UI	
	电脑网页界面	安卓或苹果手机应用程序界面	
	smartwatch app UI/ iwatch app UI	tablet app UI/iPad app UI	
	智能手表应用程序界面	平板电脑应用程序界面	
UI 界面类型	banner interface	App icon	mascot design
	横幅界面	App 图标	吉祥物设计
	medal design	Launch page interface	
	徽章设计	启动页界面	
广告海报设计	product advertising design		product advertising poster
	产品广告设计		产品广告海报

 任务升级

绘图练习 1：实现如图 3-4-15 所示的图片效果。

参考提示词：Product industrial design sketch, a gamepad with texture, blue frosted
产品工业设计草图，　　　　　　有质感的游戏手柄，

glass white acrylic material, bright studio lighting, photo realistic,
蓝色磨砂玻璃白色亚克力材料，明亮的工作室灯光，照片真实，

intricate details and high quality, black background
复杂的细节和高品质，　　　　　黑色背景

绘图练习 2：实现如图 3-4-16 所示的图片效果。

参考提示词：Product advertising poster, a glass bowl of vegetable salad on a wooden
产品广告海报，　　　　　　玻璃碗蔬菜沙拉在木桌上，

table, splash, close up, super realistic photography, appetizing, high
飞溅，　特写，超现实摄影，　　　　　　　开胃的，

angle shot, studio lighting, UHD, intricate detailed --ar 3:4
高角度拍摄，工作室灯光，超高清，错综复杂的细节，宽高比为 3:4

图 3-4-15

图 3-4-16

绘图练习 3：实现如图 3-4-17 所示的图片效果。

参考提示词：Interior design, there is a Chinese mural as A focal point, showcasing a
室内设计， 一幅中国壁画作为焦点，

detailed element of the overall design. A cream color palette, fabric
展示了整体设计的细节元素。 奶油色调色板， 布艺

sofas, an oval wooden coffee table, and a wooden bookshelf, cinematic
沙发，椭圆形木制咖啡桌和木制书架，

perspective, highlighting the play of light and shadows in the afternoon
电影视角，突出下午背光中光影的变化，

back lighting, UHD --ar 3:2
超高清，宽高比为 3:2

图 3-4-17

绘图练习 4：实现如图 3-4-18 所示的图片效果。

参考提示词：Product advertising design for a bottle of perfume, shrink label of plant
产品广告设计一瓶香水，　　　　　　　　　植物花卉收缩标签，

flowers, fine gloss glass material, saturation color scheme, realistic
精细光泽玻璃材料，　　饱和配色方案，

photography, octane render, intricate detailed and high quality, studio
逼真摄影，　　辛烷渲染，　　错综复杂的细节和高品质，

lighting, contrast high precision, middle composition, ocean natural
工作室灯光，对比度高精度，　　中间构图，　　海洋自然

background --ar 4:3
背景，宽高比为 4:3

图 3-4-18